KB046678

10분 완성

초간단 도시락 레시피 100

도시락 & 집반찬 한 번에 해결!

오민주 지음

시원북스

프롤로그

밥솥도 없던 제가 왜 도시락을 만들게 되었냐고요?

'아침밥이라도 든든하게 먹어야지', '사먹는 밥 대신 맛있는 저녁 식사 준비해서 먹어야지', '하루 한 끼 정도는 나를 위해서 요리해야지'.

한 번쯤 저랑 같은 생각을 해본 적 있을 텐데요. 하지만 현실은 아침에 늦잠 자기 바쁘고, 저녁은 배달 음식을 먹거나 외식을 하게 되지요. 갈수록 살만 찌고, 건강도 안 좋아지고, 돈은 돈대로 쓰게 되더라고요. "이대로는 안 되겠다! 집에서 밥 좀 해먹자! 이제 내가 도시락 싸줄게! 반찬 해놓으면 나도 집밥 먹겠지~" 하며 돈도 아끼고 건강도 챙길 겸 의기양양하게 선포한 게 도시락 만들기의 시작이었어요.

집에서 처음 요리를 해먹기 시작할 무렵의 주방 모습이에요.

그런데 막상 집에서 밥을 차리려고 하니 가스레인지, 인덕션은커녕 밥솥도 없는 거예요. 어쩌면 처음부터 집에서 밥을 해먹을 생각이 없었나 봐요. 급하게 밥솥부터 부랴부랴 주문하고 가끔 쓰던 캠핑용 2구 가스버너로 도시락을 만들게 됐어요. 물론 조리도구, 그릇도 없어서 필요할 때마다 하나씩 구입했답니다.

내가 만드는 도시락, 이런 점이 좋아요

나를 위해, 가족을 위해 요리하게 돼요

음식을 직접 만들어서 먹다 보면 "와~ 내가 만들었지만 사 먹는 것보다 낫다!" 싶을 때가 있어요. 내 입맛에 맞춰서 내 마음대로 만들 수 있으니까요. 그리고 내가 먹을 거니까, 우리 가족이 먹을 거니까 이왕이면 싱싱한 식재료를 사용하게 되고, 조금 덜 자극적이게, 되도록이면 건강하게 만들게 되더라고요. 그럼 소화도 잘 되고 속이 편안해요.

가끔은 도저히 귀찮아서 오늘은 요리 못해먹겠다 싶을 때, 집에서는 만들기 힘든 메뉴가 당길 때가 있잖아요. 그럴 때 배달 음식을 먹거나 외식을 하면 그 자극적인 맛이 평소보다 얼마나 짜릿하고 맛있게 느껴지는지 몰라요. 배달 음식이나 외식을 자주 먹을 땐 늘 비슷비슷한 맛이거나 생각했던 것보다 맛있게 느껴지지 않을 때가 많잖아요. 내가 만드는 도시락은 건강도 챙기고, 돈도 아끼고, 스스로 뿌듯함을 느끼기까지 생각보다 훨씬 다양한 효과를 불러온답니다!

식비를 절반 이상 아낄 수 있어요

조금 더 구체적인 예시를 통해서 도시락을 만들면 식비가 얼마나 절감되는지 보여드릴게요. 제육볶음을 만들기 위해 구입한 재료와 가격을 표로 정리했어요.

[제육볶음을 만들기 위해 구입한 재료와 가격]

돼지고기 불고기용 앞다리살 500g	8,000원
양파 1.5kg (약 5~7개)	3,000원
파 300g (약 3~4뿌리)	2,500원
청양고추 150g	2,300원
당근 500g (약 3개)	3,000원
합계	18,800원

쿠팡 가격을 기준으로 작성했어요. 구매처에 따라 가격은 달라질 수 있다는 점 참고해 주세요.

2만 원도 안 되는 가격으로 장을 보면 제육볶음 2인분을 만들 수 있어요. 남은 야채들은 다른 반찬으로 만들어서 먹을 수 있어요. 만 원 이내로 닭볶음탕용 닭을 구입하면 나머지 야채들로 닭볶음탕을 만들 수도 있고요. 이틀 정도 먹는다고 가정했을 때 사먹는 것과 비교해서 식비가 훨씬 절약돼요. 1주일 치 장보기 비용을 대략 약 50,000~70,000원이라고 한다면 한 달에 20~30만 원으로 식비를 해결할 수 있어요. 외식을 하거나 배달 음식을 먹는다면 한 끼에 얼마를 지출하게 될까요?

[외식비용 예시]

삼겹살 5인분	55,000원
된장찌개+밥 2공기	7,000원
음료 2병	4,000원
주류 3병	15,000원
합계	81,000원

2인 기준 저희 집 외식비용 예시입니다.

배달 음식으로 자주 먹는 치킨과 족발을 예시로 들어볼게요. 치킨 1마리 가격이 20,000~25,000원이라고 가정하고, 족발은 30,000~35,000원이라고 해볼게요. 주류 가격은 제외하고요. 1주일에 2번 외식하고

2번 배달 음식을 먹는다고 했을 때 한 달이면 70~80만 원이 들어요. 대략적으로 계산해 봐도 집에서 음식을 해먹으면 식비를 절반 이상 아낄 수 있지요.

요리를 너무 어렵게 생각하지 마세요

복잡한 세상, 요리라도 편하게 해봅시다

안 그래도 바쁜데 요리까지 어렵고 복잡하면 너무 힘들겠죠! 사실 요리를 시작하고 계량기도 사두었는데 저는 숟가락으로 계량하는 게 더 편했어요. 레시피 그대로 정확하게 계량해서 만들면 더 맛있을 수도 있지요. 하지만 미각이 매우 예민하고 뛰어난 사람이 아니라면 숟가락으로 대충 넣기도 하고, 조금 덜 넣기도 하고, 더 넣기도 하면서 만들어도 충분히 맛있어요. 주르륵 흘려보기도 하고, 찔끔찔끔 떨어뜨리기도 하면서 너무 짜거나 달면 물을 더 넣고, 너무 시면 설탕을 조금 더 넣어보면서 내 입맛에 맞춰 가는 거예요. 그러다 보면 어느 순간 저절로 맛에 대한 감이 잡히기도 해요.

요알못도 10분이면 할 수 있는 요리책을 만들었어요

다른 요리책과 비교하면 이 책의 레시피, 재료가 너무 단순하다고 느껴질 수도 있어요. 하지만 일단 해보세요! 간단한 과정에 놀라고 맛에 한 번 더 놀라실 거예요. 그리고 머지않아 간단하고, 빠르고, 다양한 반찬을 만들 수 있는 나만의 방법을 찾을 수 있을 거라고 확신해요. 훌륭한 조리도구를 갖추지 않아도, 완전 요알못이어도, 누구든 따라 할 수 있는 그런 요리책을 만들고 싶었어요. 그래서 딱 10분만 투자하면 한 끼에 진심인 분들도, 후다닥 한 끼를 때우는 분들도 빠르게, 간단하게, 그리고 맛있게 만들 수 있는 레시피들로 준비했습니다.

요리 초보를 위한 팁을 알려드릴게요

도시락 메뉴 정하기는 이렇게 해보세요

도시락을 만들자고 결심은 했는데 메뉴를 정하는 게 힘들 것 같다고요? 매일 똑같은 반찬만 먹게 될 것 같다고요? 저도 그랬어요. 일단 시작은 했는데 매일 다른 반찬을 정해서 만들어야 한다고 생각하니 솔직히 골치가 아팠어요. 정말 잠들기 전 매일 다음날 도시락 메뉴를 고민했다고 해도 과언이 아닐 정도였어요.

고민 끝에 얻은 메뉴를 정하는 저만의 꿀팁 아닌 꿀팁을 알려드릴게요. 저는 머릿속으로 식당에 가서 밥을 먹는 상상을 했어요. 소불고기 정식을 먹으러 간다면 어떤 반찬들이 같이 나오는지, 분식집에는 어떤 메뉴들이 있는지 떠올리는 거예요. 그러다 보면 그날그날 메뉴가 정해졌어요. 문득 떠오르는 반찬들도 메모장에 적어두고 요일마다 식단을 짰어요. 이렇게 하니까 메뉴를 정하는 데 도움이 많이 되더라고요. 이 책에는 100가지 레시피가 수록되어 있으니 메뉴를 정하기 더욱 편하실 거예요.

요리 재료 관리는 이렇게 해보세요

재료나 메뉴별로 팁을 간단히 드리자면, 장아찌 종류는 오래 보관할 수 있으니까 다른 반찬들보다 많은 양을 만들었고요. 식재료를 하나 사면 한 가지 메뉴만 만드는 게 아니라 다양하게 활용하려고 노력했어요. 예를 들어 부추를 사면 부추전도 만들 수 있고, 부추겉절이를 만들 수도 있어요. 부추가 주재료는 아니지만 오이무침이나 불고기에도 넣을 수 있지요. 뿐만 아니라 김밥이나 유부를 묶는 용도로 부추를 쓸 수도 있답니다. 이렇게 다양한 활용 방법을 고려해서 식단을 짜면 재료 소모가 빠르고 메뉴 정하기도 편했어요.

그리고 불고기, 제육볶음 등 양념된 고기를 볶아서 만드는 메뉴는 한 번에 3~4인분을 사두었어요. 양념하고 소분해서 냉동실에 얼려두고 필요할 때 해동해서 야채만 넣고 볶아내기도 했고요. 돼지고기 수육은 삶는 시간이 오래 걸리잖아요. 자기 전에 삶아두고 다음날 아침에 썰어서 전자레인지에 살짝만 돌려줘도 맛있거든요. 그렇게 돈도 절약하고 시간도 절약했어요.

시작은 생계형 요리였지만……

제가 인스타그램이나 유튜브에 요리하는 영상을 올리다보니까 원래부터 요리를 잘했던 게 아니냐고 물어보는 분들이 많이 계세요. 저는 요리에 관심이 있었던 것도 아니고, 요리를 전문적으로 배운 건 더더욱 아니에요. 요리 학원을 다닌 적도 없어요. 그저 아르바이트 하며 10년 정도 자취를 하다 보니 생계형이라고 할까요. 어쩔 수 없이(?) 반찬들을 하나하나 해보게 되었어요. 직접 요리를 하다 보니 자연스럽게 제가 어떤 맛을 좋아하는지, 어떤 식재료를 선호하는지 알게 됐어요. 그러면서 음식 만드는 일에 재미를 붙이게 된 것 같아요. 요리를 한 번도 안 해봤어도, 요리에 관심이 없어도 일단 시작해보세요! 의외로 요리가 재밌을지도 모릅니다.

이 책에 소개된 레시피들은 제 유튜브 채널에 모두 올려두었습니다! 책으로 봐도 쉽게 따라 할 수 있는 레시피들이지만 영상을 참고하면 더욱 쉽게 만들 수 있을 거예요. 제 인스타그램에 오시면 책에 미처 담지 못한 다양한 도시락을 보실 수 있습니다. 제 유튜브·인스타그램(@yammy_mj)으로 놀러 오세요! 하단에 제 유튜브 채널로 연결되는 QR코드를 확인해 주세요.

앞으로 더욱 맛있고 간편한 레시피로 찾아 뵐 수 있었으면 좋겠습니다. 그때까지 건강하시고 행복하세요!

오민주

자주 사용하는 제품과 조리도구

제가 요리할 때 자주 사용하는 제품과 조리도구 위주로 정리했어요. 어떤 브랜드 제품을 쓰는지는 딱히 중요하지 않아요! 참고만 해주세요.

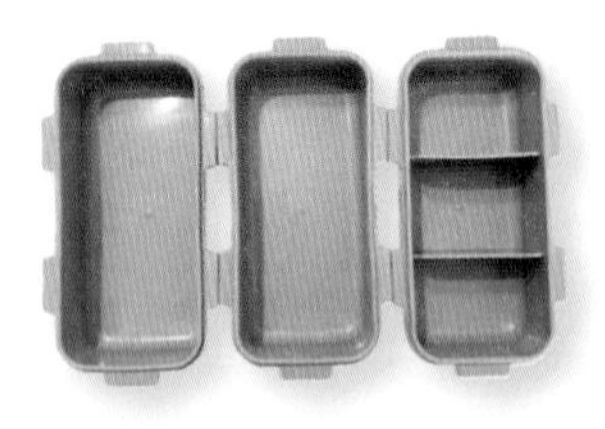

1. 도시락 (락앤락 제품)

내용물이 흐르지 않고, 많은 양이 들어가고, 도시락 가방 사이즈가 작아서 들고 다니기 편하고, 다양한 반찬을 담을 수 있어요.

2. 실리콘 컵

빨간 양념 반찬을 담으면 도시락 통에 물이 들 수 있어서 실리콘 컵에 반찬을 담아 도시락 통에 넣고 있어요.

3. 나무 뒤집개 (자주 제품)

야채를 볶을 때 사용해요. 달걀말이를 만들 때 뒤집개 2개를 사용해서 뒤집고 모양을 잡아주면 편리해요.

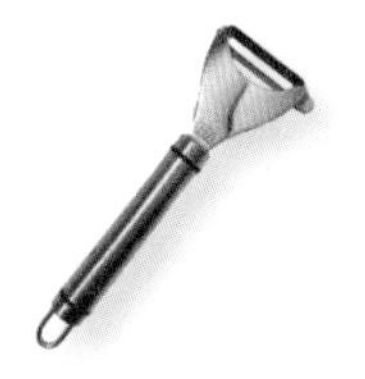

4. 감자칼

감자, 연근 등의 야채 껍질을 벗길 때 사용하면 편리해요.

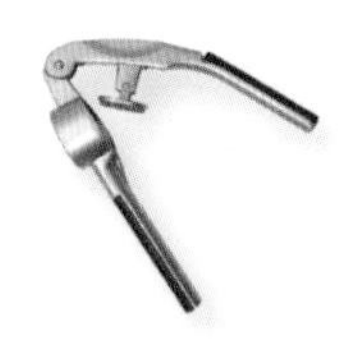

5. 마늘다지기 (다이소 제품)

깐마늘을 다질 때 사용하면 편리해요. 가격대에 따라 성능에도 차이가 있으니 잘 확인하고 구입하세요.

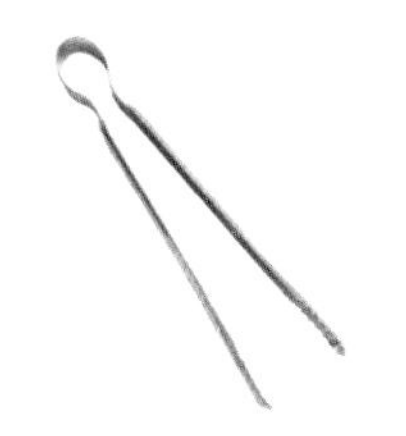

6. 집게

고기를 뒤집어가면서 구울 때나 나물을 삶을 때 사용해요.

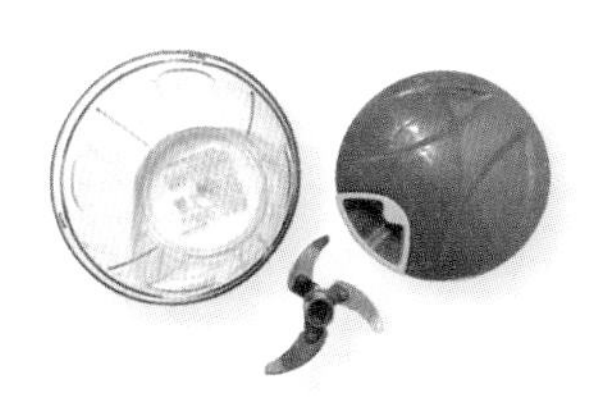

7. 야채다지기 (락앤락 제품)

야채를 다질 때 사용하면 편리해요. 온라인이나 오프라인에서 다양한 가격대로 구입할 수 있어요.

8. 사각 프라이팬 (쿠팡 탐사 제품)

사이즈는 24×18cm입니다. 달걀말이를 만들 때는 원형 프라이팬보다 사각 프라이팬이 모양을 잡기 훨씬 수월해요.

9. 원형 프라이팬 (가이타이너 제품)

지름 26, 26, 28cm 프라이팬을 가지고 있으면 다양한 요리를 할 때 편하게 사용할 수 있어요.

10. 냄비

지름 16, 18cm 냄비를 가지고 있으면 조림 요리를 만들 때나 나물을 삶을 때 등등 다양하게 활용할 수 있어요.

목차

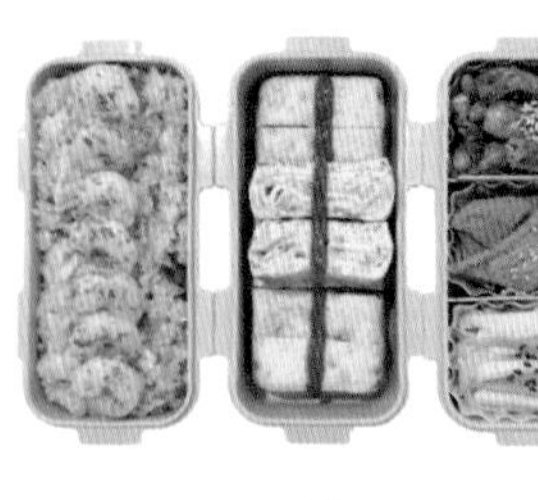

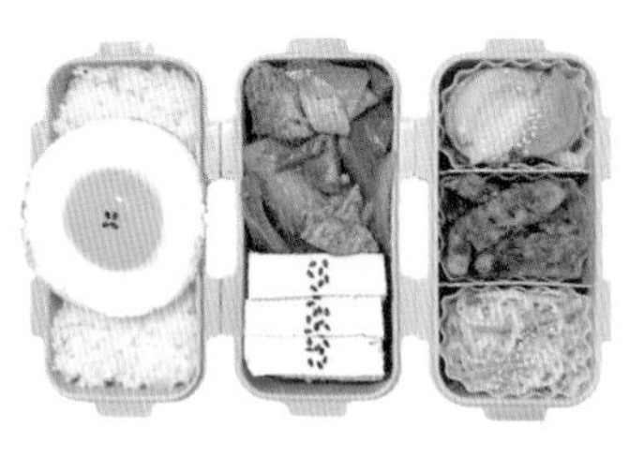

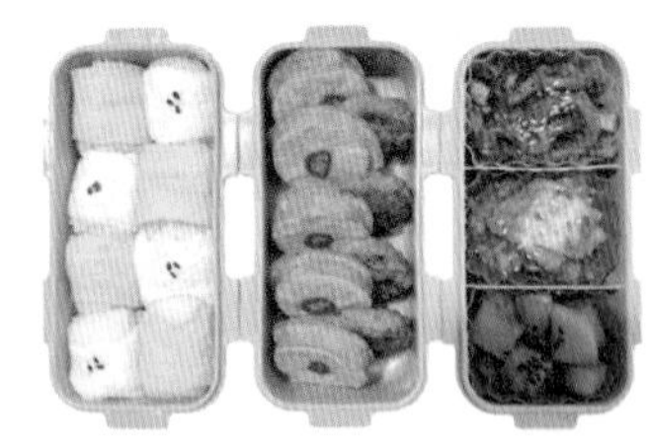

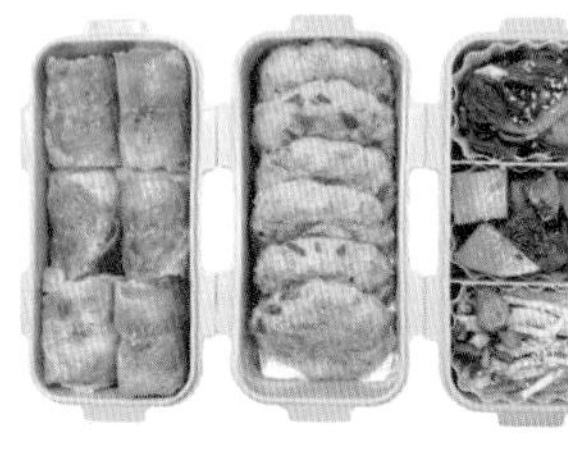

10
참치마요 주먹밥과 햄 달걀말이
단무지무침+오이볶음+배추김치
• 087

11
케일쌈밥과 고추장 삼겹살
오이고추 된장무침+연근조림
+표고버섯볶음 • 094

12
부추달걀볶음밥과 파프리카 두부전
감자어묵볶음+시금치나물
+표고버섯볶음 • 103

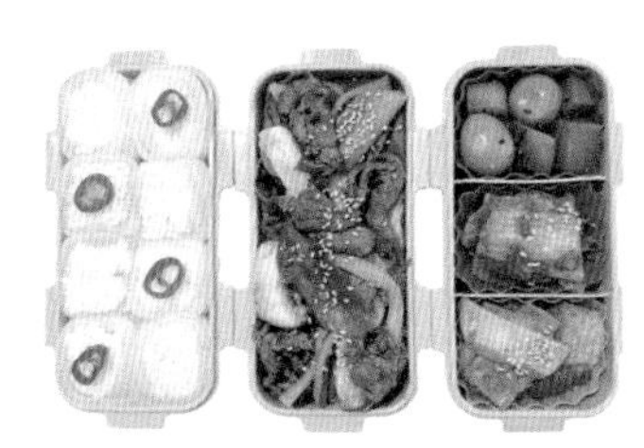

13
알배추쌈밥과 소불고기
메추리알 곤약 장조림+배추김치
+감자어묵볶음 • 112

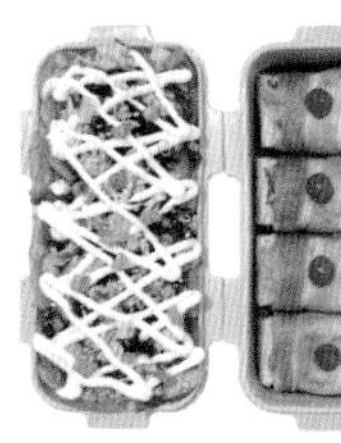

14
참치마요덮밥과 베이컨 달걀말이
배추나물+파김치
+메추리알 곤약 장조림 • 120

15
깻잎쌈밥과 오징어볶음
두부구이+콩나물조림+연근조림
• 129

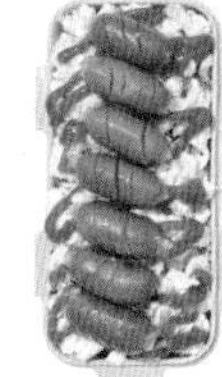

16
소시지볶음밥과 양배추전
햄감자볶음+배추김치+콩나물조림
• 139

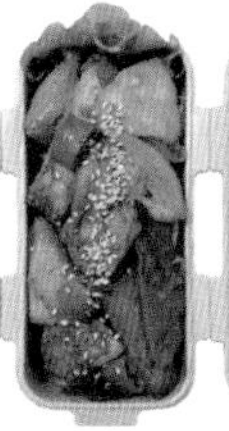

17
달걀롤밥과 닭갈비
새송이버섯볶음+오이무침+햄감자볶음
• 147

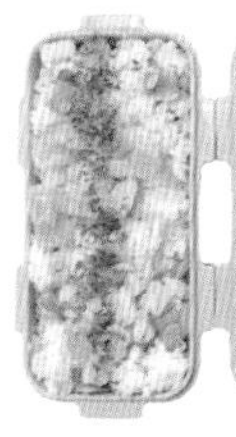
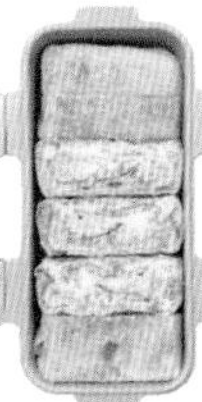

18
베이컨볶음밥과 치즈야채달걀말이
고추장감자조림+새송이버섯볶음
+배추김치 • 156

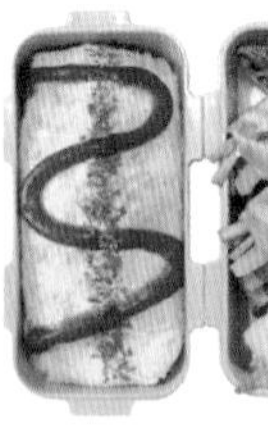
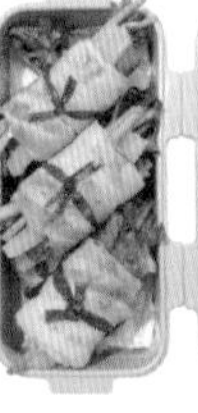
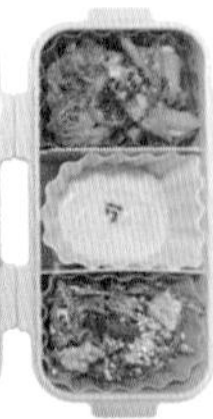

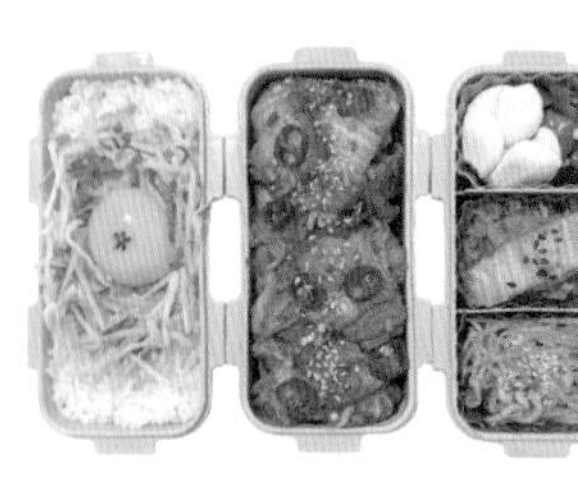
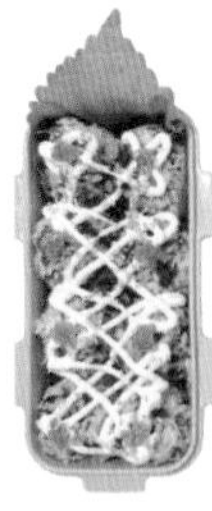
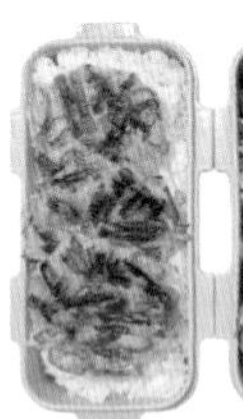

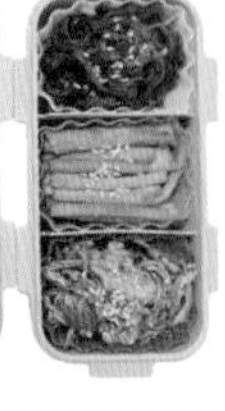

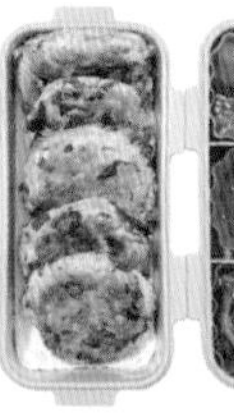
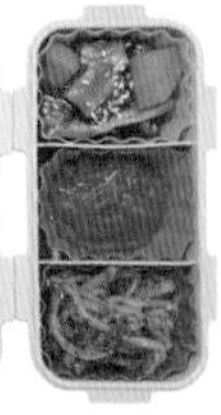

일러두기

1. 레시피에 계량을 적어 두긴 했지만, 입맛에 따라 들어가는 양이나 재료들을 조절해도 좋아요. 예를 들어 버터볶음밥에 당근, 양파가 들어가지만 좋아하는 다른 야채를 활용해도 좋아요. 매콤한 맛을 좋아하면 청양고추를 살짝 다져 넣어도 되고요.
2. 모든 요리는 센불로 시작해서 중불로 줄여서 조리해 주세요. 시작할 때부터 약불로 조리해야 하는 요리는 레시피에 적어 두었어요.
3. 요리 마지막 단계에서 참기름과 통깨는 고소한 맛을 더해주지만 생략해도 됩니다. 특히 참기름은 고온에서 가열하면 몸에 좋지 않은 물질이 생성될 수 있어요. 반드시 불을 끄고 추가해 주세요.

버터볶음밥과 소시지 야채볶음

도시락 메뉴 구성

밥

버터볶음밥

▶ 만드는 법 017쪽

반찬

소시지 야채볶음

▶ 만드는 법 019쪽

곁들임 찬 ①

감자볶음

▶ 만드는 법 021쪽

곁들임 찬 ②

파김치

▶ 기성품 사용

곁들임 찬 ③

견과류 멸치볶음

▶ 만드는 법 023쪽

버터볶음밥

밥

준비물

- ☐ 밥 2공기
- ☐ 버터 반 큰술
- ☐ 당근 반 개
- ☐ 양파 반 개
- ☐ 달걀 1알
- ☐ 후추 약간
- ☐ 진간장 2큰술
- ☐ 식용유 1큰술

당근, 양파(다른 야채를 활용해도 좋아요)를 다져주세요.

달군 팬에 버터 반 큰술을 녹여주세요.

버터가 녹으면 다진 당근과 양파를 넣고 볶아주세요.

후추를 뿌려서 볶아주세요.

밥을 넣고 더 볶아주세요.

진간장 2큰술 넣어주세요.

TIP
매콤한 맛을 좋아한다면 청양고추를 추가해도 좋아요!

야채가 익으면 완성!

스크램블

달군 팬에 식용유를 두르고 달걀을 올려주세요.

흰자가 살짝 익으면 볶듯이 저어주세요.

노른자, 흰자가 다 익을 때까지 볶아주세요.

완성!

TIP 스크램블 위에 케첩을 뿌리면 더 맛있어요!

소시지 야채볶음

준비물

- ☐ 소시지 300g
- ☐ 양파 반 개
- ☐ 파프리카 1개
- ☐ 당근 반 개
- ☐ 굴소스 1큰술
- ☐ 케첩 2큰술

양파를 깍둑썰기 해주세요.

파프리카를 깍둑썰기 해주세요.

당근을 깍둑썰기 해주세요.

소시지에 칼집을 내주세요.

달군 팬에서 소시지를 먼저 볶아주세요.

소시지에 낸 칼집이 살짝 벌어지면 야채를 몽땅 넣어주세요.

굴소스 1큰술 넣고 볶아주세요.

야채가 익으면 완성!

TIP 두 가지 맛을 만들고 싶다면 반은 남겨주세요.

TIP

매콤하게 먹고 싶다면 고추장 1/3큰술 추가해 주세요.

남은 소시지, 야채에 케첩을 넣고 볶아주세요.

두 가지 맛 소시지 야채볶음 완성!

감자볶음

준비물

- ☐ 감자 2~3개
- ☐ 당근 반 개
- ☐ 양파 반 개
- ☐ 식용유 2큰술
- ☐ 후추 약간(생략 가능)
- ☐ 소금 반 큰술
- ☐ 통깨 적당량

감자를 적당한 두께로 채 썰어주세요.

당근도 감자랑 비슷한 길이로 채 썰어주세요.

양파도 채 썰어주세요.

채 썬 야채 준비 완료!

중불로 달군 팬에 식용유를 넉넉히 둘러주세요.

야채를 몽땅 넣어주세요.

TIP 양파를 조금 아삭하게 먹고 싶다면 감자랑 당근이 반쯤 익었을 때 넣어주세요.

후추 톡톡 뿌려주세요(생략 가능).

소금 반 큰술 넣어주세요.

TIP 중간중간 간을 보고 싱거우면 소금을 더 넣어주세요.

달달 볶아주세요.

양파가 투명해지고 감자가 익을 때까지 볶아주세요. 불을 살짝 줄여주세요.

TIP 물을 살짝 추가하면 재료가 팬에 들러붙지 않아요!

통깨 뿌려 담아내면 완성!

견과류 멸치볶음

TIP 체에 거르면 비린내, 쓴맛이 줄어들어요.

준비물

- □ 멸치 200~300g
- □ 견과류 한 움큼
- □ 식용유 1큰술
- □ 간장 1큰술
- □ 올리고당 2~3큰술
- □ 통깨 약간

중불로 달군 팬에 멸치, 견과류를 넣고 멸치가 노랗게 변할 때까지 볶아주세요.

볶은 멸치와 견과류를 체에 걸러주세요.

팬에 식용유를 둘러주세요.

체에 거른 멸치, 견과류를 팬에 넣고 달달 볶아주세요.

TIP

멸치가 짜기 때문에 간장은 조금만 넣어주세요.

간장 1큰술 넣어주세요.

올리고당 2~3큰술 넣어주세요.

TIP 바삭한 식감을 좋아하면 올리고당을 넉넉하게 넣어주세요. 하지만 너무 많이 넣으면 딱딱할 수 있어요.

통깨를 뿌려주세요.

잘 섞이게 볶아주세요.

완성!

상추쌈밥과 돼지고기 주물럭

도시락 메뉴 구성

 밥

상추쌈밥

▶ 만드는 법 026쪽

 반찬

돼지고기 주물럭

▶ 만드는 법 027쪽

 곁들임 찬 ①

두 가지 맛 어묵볶음

▶ 만드는 법 031쪽

곁들임 찬 ②

브로콜리 두부무침

▶ 만드는 법 033쪽

곁들임 찬 ③

달걀장

▶ 만드는 법 035쪽

상추쌈밥

준비물

- ☐ 상추 6~8장
- ☐ 밥 2공기
- ☐ 참기름 1큰술

큰 그릇에 밥을 넣고 참기름 한 바퀴 둘러주세요.

골고루 비벼주세요.

상추 줄기를 뜯어주세요.

먹기 좋은 크기로 주먹밥을 만들어주세요.

상추 잎 가운데에 주먹밥을 올리고 상추 잎을 돌돌 접듯이 말아주세요.

도시락에 담아주면 완성!

TIP 튀어나온 상추 잎은 밥 사이사이에 쏙쏙 안쪽으로 밀어 넣어주세요.

돼지고기 주물럭

준비물

- ☐ 돼지고기 앞다리살 400g
- ☐ 양파 1개
- ☐ 새송이버섯 4개 400g (생략 가능)
- ☐ 당근 반 개(생략 가능)
- ☐ 청양고추 2~3개(생략 가능)
- ☐ 다진 마늘 1큰술
- ☐ 고추장 2큰술
- ☐ 간장 2큰술
- ☐ 미림 1큰술(생략 가능)
- ☐ 매실액 1큰술(생략 가능)
- ☐ 올리고당 2큰술

양념장

고추장 2큰술 넣어주세요.

간장 2큰술 넣어주세요.

미림 1큰술 넣어주세요(생략 가능).

매실액 1큰술 넣어주세요(생략 가능).

올리고당 2큰술 넣어주세요.

1~5를 잘 섞어주세요. 양념장 완성!

반찬

고기에 양념장을 부어주세요.

다진 마늘 1큰술 넣어주세요.

TIP 후추나 생강가루를 넣으면 고기 잡내 제거에 좋아요.

고기에 양념이 잘 배게 주물주물 해주세요.

랩에 잘 감싸서 냉장고에 최소 30분 정도 재워주세요.

TIP 밀폐용기에 넣어도 됩니다. 하루 전에 재우는 게 가장 좋아요!

양파를 채 썰어주세요.

TIP 대파를 추가해도 좋아요.

새송이버섯을 길쭉하게 썰어주세요(생략 가능).

TIP 팽이버섯 등 좋아하는 버섯을 넣어도 좋아요.

TIP 야채는 어떤 모양으로 썰든 상관없어요. 고구마, 감자를 넣어도 좋아요.

당근을 반달 모양으로 썰어주세요(생략 가능).

청양고추를 썰어주세요(생략 가능).

TIP 매콤하게 먹고 싶다면 고춧가루 1큰술 추가해 주세요.

반찬

재워둔 고기를 달군 팬에 올려주세요.

고기를 골고루 펼쳐서 익혀주세요.

고기를 뒤집다가 살짝 익으면 청양고추를 제외한 야채를 넣어주세요.

골고루 볶아주세요.

야채가 다 익으면 청양고추를 넣고 볶아 주세요.

완성!

TIP 참기름 한 바퀴 둘러주면 고소해요.

두 가지 맛 어묵볶음

준비물

- ☐ 어묵 7~8장 400g
- ☐ 양파 1개
- ☐ 당근 반 개(생략 가능)
- ☐ 식용유 2큰술
- ☐ 물 약 30ml
- ☐ 간장 2큰술
- ☐ 올리고당 1큰술
- ☐ 고추장 1작은술

어묵을 삼각으로 썰어주세요.

TIP 길쭉하게 일자로 썰어도 상관없어요. 먹기 좋게, 좋아하는 모양으로 썰어주세요.

양파를 깍둑썰기 해주세요.

당근도 깍둑썰기 해주세요(생략 가능).

달군 팬에 식용유를 넉넉히 둘러주세요.

어묵, 야채 몽땅 넣고 볶아주세요.

볶다가 살짝 들러붙으면 소주잔으로 물을 반 잔 넣어주세요.

간장 2큰술 넣어주세요.

올리고당 1큰술 넣고 볶아주세요.

TIP
매콤한 어묵볶음을 먹고 싶다면 반은 남겨두세요.

야채가 다 익으면 완성!

남은 어묵에 고추장 1작은술 넣고 살짝 볶아주세요.

매콤한 어묵볶음 완성!

두 가지 맛 어묵볶음 완성!

브로콜리 두부무침

준비물

- ☐ 브로콜리 1개
- ☐ 두부 한 모 300g
- ☐ 국간장 2큰술
- ☐ 진간장 1큰술
- ☐ 참기름 1큰술

1 브로콜리를 씻어서 잘라주세요.

TIP 브로콜리 줄기 끝부분을 칼로 잘라주세요. 뭉쳐 있는 부분은 줄기 쪽에 살짝 칼집을 내고 손으로 찢으면 깔끔해요.

2 뜨거운 물에 브로콜리 줄기 부분부터 넣어주세요.

3 1분 정도 데친 후 건져주세요.

4 브로콜리를 먹기 좋은 크기로 잘게 다져주세요.

TIP 면포에 두부를 싸서 물기를 짜주면 나중에 질척거리지 않아서 좋아요. 두부를 전자레인지에 1~2분 돌려도 물이 쫙 빠져요!

5 두부를 으깨주세요.

6 국간장 2큰술 넣어주세요.

진간장 1큰술 넣어주세요.

참기름 한 바퀴 둘러주세요.

골고루 무치면 완성!

달걀장

준비물

- □ 달걀 5~6알
- □ 물 적당량
- □ 진간장 6큰술
- □ 올리고당 3큰술
- □ 설탕 1큰술

TIP
소금 반 큰술 넣고 삶은 후 완전히 식을 때까지 찬물에 담가두면 달걀 껍질이 잘 까져요!

달걀 5~6알이 살짝 잠기도록 냄비에 물을 붓고 센불로 15분 동안 삶아주세요.

깐 달걀을 냄비에 넣고 달걀이 1/3 잠길 정도로 물을 넣어주세요.

진간장 6큰술 넣어주세요.

TIP 졸이면 짜지니까 먹어보고 조금 싱거울 정도로만 넣어주세요.

올리고당 3큰술 넣어주세요.

설탕 1큰술 넣어주세요.

바글바글 끓여주세요.

TIP
간장 물이 줄어들고 맛이 짜고 살짝 진득해질 때까지 끓여주세요.

중간중간 달걀을 뒤집어주고 색이 변할 때까지 졸여주세요.

완성!

TIP 마지막에 청양고추를 다져서 넣으면 매콤하게 먹을 수 있어요.

새우볶음밥과 달걀말이

도시락 메뉴 구성

밥
새우볶음밥
▶ 만드는 법 038쪽

반찬
달걀말이
▶ 만드는 법 040쪽

곁들임 찬 ①
꽈리고추찜
▶ 만드는 법 042쪽

곁들임 찬 ②
두 가지 맛 어묵볶음
▶ 만드는 법 031쪽

곁들임 찬 ③
감자볶음
▶ 만드는 법 021쪽

새우볶음밥

준비물

- ☐ 새우 10~15마리
- ☐ 밥 1공기
- ☐ 다진 마늘 반 큰술
- ☐ 양파 반 개
- ☐ 당근 반 개
- ☐ 대파 반 대
- ☐ 식용유 2큰술
- ☐ 굴소스 1큰술

대파를 송송 썰어주세요.

팬에 식용유를 넉넉히 두르고 대파를 넣어서 파기름을 내주세요.

대파가 살짝 타면 새우를 넣고 볶아주세요.

다진 마늘 반 큰술 넣고 볶아주세요.

다진 양파, 당근을 넣어주세요.

야채가 반쯤 익으면 밥을 넣어주세요.

야채가 다 익을 때까지 볶아주세요.

굴소스 1큰술 넣고 볶아주세요.

완성!

TIP 매콤한 맛을 좋아한다면 청양고추를 추가해도 좋아요!

달걀말이

준비물

- □ 달걀 4~5알
- □ 양파 반 개
- □ 당근 반 개
- □ 청양고추 1~2개(생략 가능)
- □ 소금 3꼬집
- □ 식용유 반 큰술

양파를 다져주세요.

당근을 다져주세요.

청양고추를 다져주세요(생략 가능).

소금 3꼬집 넣어주세요.

달걀 4~5알 넣어주세요.

부드러워질 때까지 거품기로 풀어주세요.

TIP
키친타월로 식용유를 닦아주고 달걀물을 부으면 깔끔해요.

약불로 달군 팬에 식용유를 살짝 두르고 달걀물을 팬을 얇게 덮을 정도로만(한 국자) 부어주세요.

달걀이 살짝 익어서 기포가 올라오면 말아주세요.

반찬

달걀물을 더 넣어주면서 말아주는 과정을 반복해주세요.

4면 골고루 익혀주세요.

TIP 뒤집개 2개를 같이 쓰면 편해요. 마지막에 달걀말이 4면 모두를 꾹꾹 눌러주면서 모양을 잡아주세요.

앞뒤로 노릇노릇할 때까지 익혀주세요.

완성!

꽈리고추찜

준비물

- ☐ 꽈리고추 150~200g
- ☐ 부침가루 혹은 밀가루 2큰술
- ☐ 간장 3큰술
- ☐ 고춧가루 2큰술
- ☐ 다진 마늘 1큰술

깨끗하게 씻은 꽈리고추를 일회용 위생백에 담아주세요.

일회용 위생백에 부침가루 2큰술 넣어주세요.

TIP 밀가루도 상관없어요.

부침가루가 꽈리고추에 잘 묻도록 마구 흔들어주세요.

김이 오른 찜기에 꽈리고추를 올리고 뚜껑을 닫아주세요.

TIP 푹 익은 식감을 좋아한다면 10분 정도 쪄주세요.

7~8분 정도 쪄주세요.

잘 쪄진 꽈리고추를 그릇에 옮겨 담아 간장 3큰술 넣어주세요.

고춧가루 2큰술 넣어주세요.

다진 마늘 1큰술 넣어주세요.

골고루 무쳐주세요.

완성!

TIP 참기름 한 바퀴 둘러주면 고소함이 더 해져요.

초간단 도시락 레시피 4

롤유부초밥과 매콤 참치전

도시락 메뉴 구성

밥

롤유부초밥

▸ 만드는 법 045쪽

반찬

매콤 참치전

▸ 만드는 법 046쪽

곁들임 찬 ①

배추김치

▸ 기성품 사용

곁들임 찬 ②

가지볶음

▸ 만드는 법 048쪽

곁들임 찬 ③

달걀장

▸ 만드는 법 035쪽

롤유부초밥

준비물

- ☐ 롤유부초밥
  (저는 풀무원 제품을 사용했어요. 유부 8장, 초밥 소스, 야채볶음, 김, 타르타르소스가 동봉되어 있어요.)

제품 안에 동봉되어 있는 초밥 소스, 야채볶음을 밥에 넣고 잘 섞어주세요.

유부에 있는 물기를 살짝 짜고 펼쳐서 김을 올려주세요.

밥을 2/3 정도만 골고루 펼쳐주세요.

돌돌 말아주세요.

도시락 크기에 맞춰 양 끝을 잘라주세요.

TIP 김을 길게 잘라서 초밥 바깥에 띠처럼 둘러줘도 예뻐요.

도시락에 담아주세요.

TIP 타르타르소스는 찍어 먹거나 초밥 위에 뿌려주세요.

매콤 참치전

준비물

- ☐ 참치캔 작은 캔 135g
- ☐ 당근 반 개
- ☐ 대파 반 대
- ☐ 청양고추 1~2개
- ☐ 달걀 1알
- ☐ 전분 1큰술
- ☐ 식용유 1큰술

1 당근을 다져주세요.

2 대파를 다져주세요.

3 청양고추를 다져주세요.

4 기름 뺀 참치에 1~3을 넣어주세요.

TIP 청양고추를 빼면 아이들도 먹을 수 있어요!

5 달걀 1알 넣어주세요

6 전분 1큰술 넣고 섞어주세요.

잘 뭉쳐지게 반죽해주세요.

약불로 달군 팬에 식용유를 두르고 반죽 1큰술 올려서 모양을 잡아주세요.

반찬

TIP
자주 뒤집으면 부서질 수 있어서 최소한으로 뒤집어 주세요.

테두리부터 가운데가 익을 때까지 올려두세요.

밑면이 다 익으면 뒤집어서 익혀주세요.

TIP 안 익혀도 먹을 수 있는 재료이기 때문에 바짝 익힐 필요는 없어요.

완성!

가지볶음

준비물

- ☐ 가지 2~3개
- ☐ 양파 반 개
- ☐ 소금 1큰술
- ☐ 식용유 2큰술
- ☐ 다진 마늘 1큰술

양파를 채 썰어주세요.

가지를 먹기 좋은 크기로 썰어주세요.

TIP 어떤 모양으로 썰어도 상관없어요.

소금 1큰술 넣어주세요.

가지에 소금이 스며들게 조물조물 해주세요.

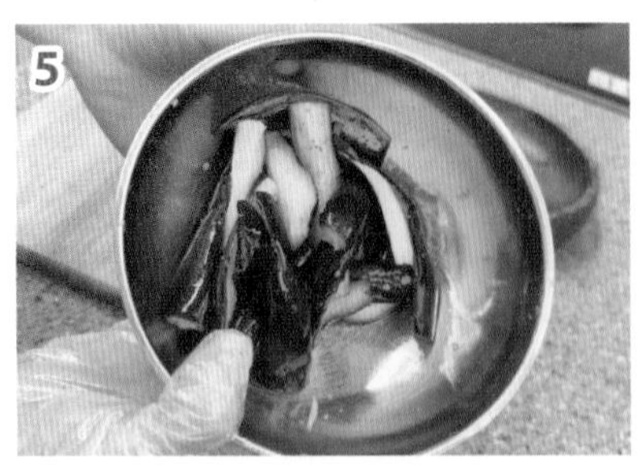

조금 후면 흐물흐물해집니다.

물기를 꽉 짜주세요.

부피가 확 줄어들어요.

달군 팬에 식용유를 넉넉히 둘러주세요.

가지를 넣고 볶아주세요.

다진 마늘 1큰술 넣어주세요.

다진 마늘이 살짝 들러붙으면 양파를 넣고 양파가 익을 때까지 볶아주세요.

완성!

TIP 가지를 소금에 절였기 때문에 소금간은 하지 않아도 돼요.

스팸김치볶음밥과 김 달걀말이

도시락 메뉴 구성

밥

스팸김치볶음밥

▶만드는 법 051쪽

반찬

김 달걀말이

▶만드는 법 053쪽

곁들임 찬 ①

오이무침

▶만드는 법 055쪽

곁들임 찬 ②

케첩

▶기성품 사용

곁들임 찬 ③

숙주나물

▶만드는 법 057쪽

스팸김치볶음밥

준비물

- ☐ 김치 1/3포기
- ☐ 스팸 100g
- ☐ 밥 2공기
- ☐ 굴소스 1큰술

오목한 그릇에 김치를 넣고 가위로 잘게 잘라주세요.

스팸을 먹기 좋은 크기로 썰어주세요.

TIP 스팸 뚜껑만 따서 숟가락으로 조금씩 퍼내도 좋아요.

달군 팬에 스팸을 넣고 기름이 나올 때까지 볶아주세요.

김치를 넣고 달달 볶아주세요.

김치가 투명하게 익으면 밥을 넣어주세요.

골고루 잘 볶아주세요.

굴소스 1큰술 넣고 김치가 익을 때까지 볶아주세요.

완성!

TIP 참기름 한 바퀴 둘러주면 더 맛있어요! 매콤한 맛을 좋아한다면 청양고추를 추가해도 좋아요!

김 달걀말이

준비물

- □ 달걀 8알
- □ 김밥 김 2장
- □ 식용유 반 큰술

달걀 8알을 그릇에 넣어주세요.

거품기로 곱게 풀어주세요.

TIP
키친타월로 식용유를 닦아주면 깔끔해요.

약불로 달군 팬에 식용유를 살짝 두르고 팬을 얇게 덮을 정도로만(한 국자) 달걀물을 부어주세요.

김밥 김 한 장을 달걀 위에 올려주세요.

김이 줄어들면 뒤집개로 팬 모서리에 붙은 달걀을 떼어주세요.

달걀을 말아주세요.

말아준 후에는 한쪽으로 밀어주세요.

달걀물을 더 넣어주세요.

김밥 김 한 장을 달걀 위에 올려주세요.

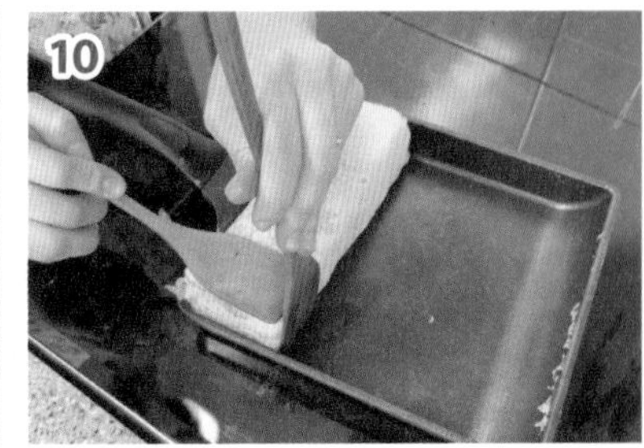

달걀을 말아주세요.

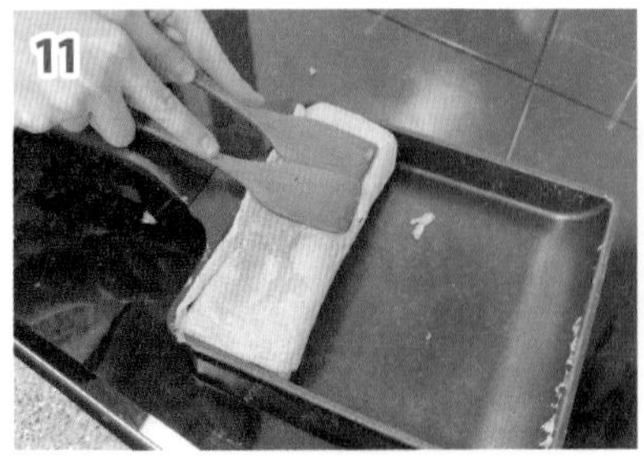

뒤집개로 4면을 꾹꾹 눌러서 모양을 잡아 주세요.

완성!

오이무침

준비물

- ☐ 오이 1개
- ☐ 양파 반 개
- ☐ 다진 마늘 반 큰술
- ☐ 간장 2큰술
- ☐ 설탕 1큰술
- ☐ 고춧가루 1큰술
- ☐ 식초 2큰술
- ☐ 참기름 1큰술

깨끗하게 씻은 오이를 먹기 좋은 크기로 썰어주세요.

양파도 채 썰어주세요.

TIP 깍둑썰기 해도 좋아요!

다진 마늘 반 큰술 넣어주세요.

간장 2큰술 넣어주세요.

설탕 1큰술 넣어주세요.

고춧가루 1큰술 넣어주세요.

식초 2큰술 넣어주세요.

참기름 한 바퀴 둘러서 잘 무쳐주세요.

TIP 통깨를 뿌려주면 더욱 먹음직스러워요!

완성!

숙주나물

준비물

- ☐ 숙주나물 1봉지 250~300g
- ☐ 당근 반 개
- ☐ 다진 마늘 1큰술
- ☐ 소금 반 큰술
- ☐ 참치액젓 1큰술
- ☐ 참기름 1큰술
- ☐ 통깨 적당량

숙주나물은 깨끗하게 씻고 당근은 채 썰어서 준비해 주세요.

끓는 물에 숙주나물을 넣고 1분 정도 데쳐주세요.

중간중간 뒤집어주세요.

뜨거운 숙주나물을 식혀주세요.

숙주나물 물기를 살짝 짜주세요.

당근과 숙주나물에 다진 마늘 1큰술 넣어주세요.

소금 반 큰술 넣어주세요.

참치액젓 1큰술 넣어주세요.

참기름 한 바퀴 둘러주세요.

통깨를 넉넉하게 뿌려주세요.

조물조물 잘 무쳐주세요.

완성!

백미밥+달걀프라이와 돼지고기 김치볶음

도시락 메뉴 구성

밥

백미밥+달걀프라이

▶ 만드는 법 060쪽

반찬

돼지고기 김치볶음

▶ 만드는 법 061쪽

곁들임 찬 ①

애호박볶음

▶ 만드는 법 064쪽

곁들임 찬 ②

꽈리고추찜

▶ 만드는 법 042쪽

곁들임 찬 ③

숙주나물

▶ 만드는 법 057쪽

백미밥+달걀프라이

준비물

- ☐ 달걀 1알
- ☐ 식용유 반 큰술

중불로 달군 팬에 동그란 달걀프라이 틀을 올리고 그 안에 식용유를 둘러주세요.

틀 안쪽에 식용유를 잘 묻혀주세요.

틀을 뒤집고 마찬가지로 틀 안쪽에 식용유를 잘 묻혀주세요.

틀 안에 달걀을 깨고 티스푼으로 노른자를 가운데로 가져온 후 기다려주세요.

티스푼으로 틀에 붙은 달걀을 떼어내 주세요.

틀을 빼면 예쁜 달걀프라이 완성!

돼지고기 김치볶음

준비물

- ☐ 돼지고기 앞다리살 300~400g
- ☐ 김치 반 포기
- ☐ 양파 1개
- ☐ 대파 반 대
- ☐ 청양고추 1~2개
- ☐ 두부 반 모
- ☐ 후추 약간
- ☐ 설탕 1큰술
- ☐ 참기름 1큰술

양파를 채 썰어주세요.

대파를 채 썰어주세요.

청양고추를 썰어주세요.

김치를 먹기 좋은 크기로 썰어주세요.

달군 팬에 고기를 올려주세요.

TIP 지방이 적은 고기는 식용유를 둘러주세요.

후추 톡톡 뿌려주세요.

고기를 골고루 익혀주세요.

고기가 살짝 익으면 김치를 넣어주세요.

TIP

김치에 간이 되어 있어서 감칠맛을 더해줄 설탕만 넣으면 돼요!

설탕 1큰술 넣어주세요.

김치가 반쯤 투명해질 때까지 볶아주세요.

야채를 넣어주세요.

양파가 익을 때까지 볶아주세요.

불을 끄고 참기름 한 바퀴 둘러주세요.

완성!

두부를 추가해도 좋아요! 도시락 크기에 맞춰 가늠해주세요.

두부를 썰어주세요.

애호박볶음

준비물

- ☐ 애호박 1개
- ☐ 양파 반 개
- ☐ 당근 반 개(생략 가능)
- ☐ 식용유 2큰술
- ☐ 소금 반 큰술
- ☐ 다진 마늘 1큰술
- ☐ 참기름 1큰술

양파를 채 썰어주세요.

애호박을 반달 모양으로 썰어주세요.

당근도 반달 모양으로 썰어주세요(생략 가능).

식용유를 넉넉히 두른 팬에 단단한 애호박, 당근부터 넣어주세요.

소금 반 큰술 넣고 볶아주세요.

애호박, 당근이 반쯤 익으면 양파를 넣어주세요.

양파가 반쯤 익을 때까지 볶아주세요.

다진 마늘 1큰술 넣고 볶아주세요.

TIP 다진 마늘이 씹히는 식감을 좋아한다면 마지막에 넣어주세요!

불을 끄고 참기름 한 바퀴 둘러주세요.

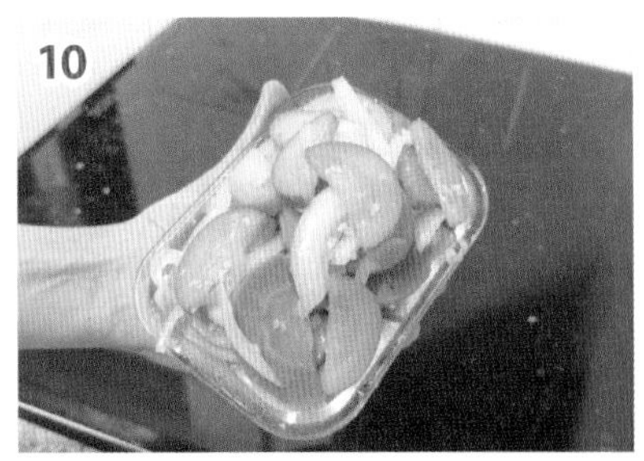

완성!

곁들임 찬

초간단 도시락 레시피 7

한입달걀주먹밥과 애호박전, 떡갈비

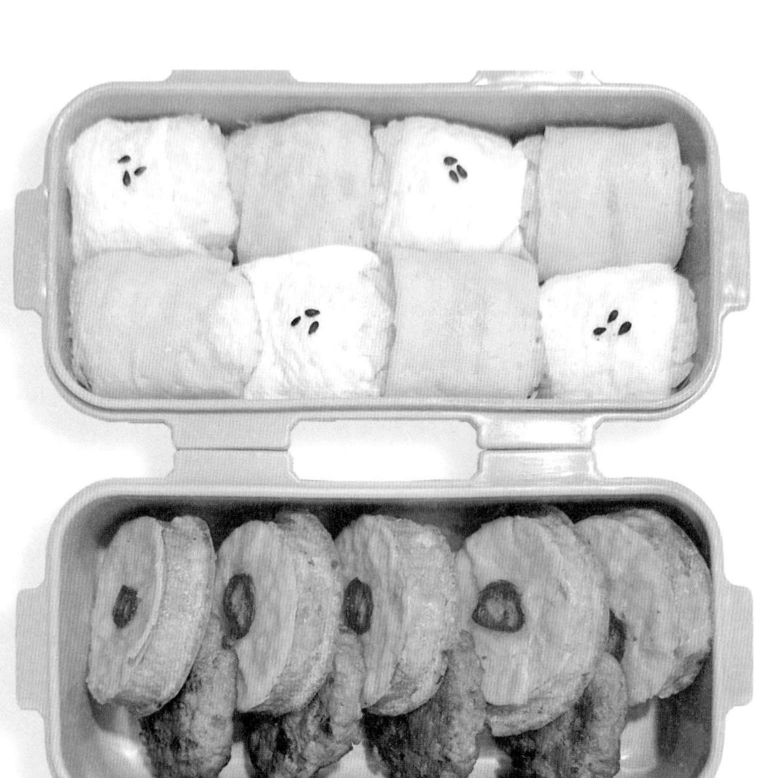

도시락 메뉴 구성

밥

한입달걀주먹밥

▸ 만드는 법 067쪽

반찬

애호박전, 떡갈비

▸ 만드는 법 070쪽

(떡갈비는 기성품 사용)

곁들임 찬 ①

오징어젓갈

▸ 기성품 사용

곁들임 찬 ②

배추김치

▸ 기성품 사용

곁들임 찬 ③

감자조림

▸ 만드는 법 072쪽

한입달걀주먹밥

준비물

- ☐ 달걀 2알
- ☐ 밥 2공기
- ☐ 소금 3꼬집
- ☐ 참기름 1큰술
- ☐ 식용유 1큰술

밥

TIP 필수는 아니지만 분리하면 더 예쁘답니다!

달걀 2알의 흰자, 노른자를 분리해 주세요.

흰자를 거품기로 잘 풀어서 준비해 주세요.

노른자를 거품기로 잘 풀어서 준비해 주세요.

밥에 소금 3꼬집 넣어주세요.

밥에 참기름 한 바퀴 둘러주세요.

골고루 비벼주세요.

먹기 좋은 크기로 주먹밥을 만들어주세요.

주먹밥 완성!

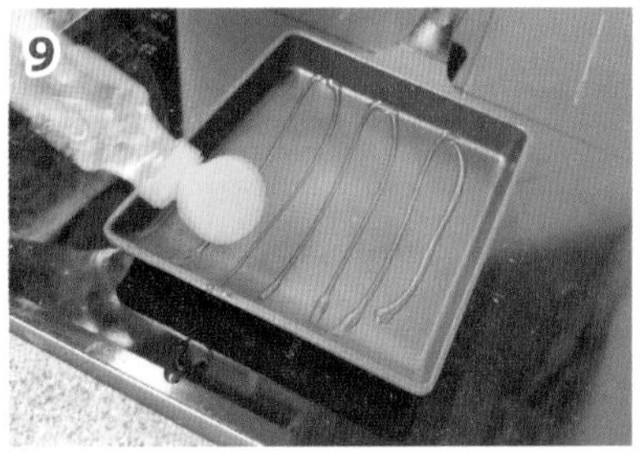

중불로 달군 팬에 식용유를 둘러주세요.

TIP 키친타월로 식용유를 닦아내면 더 깔끔해요.

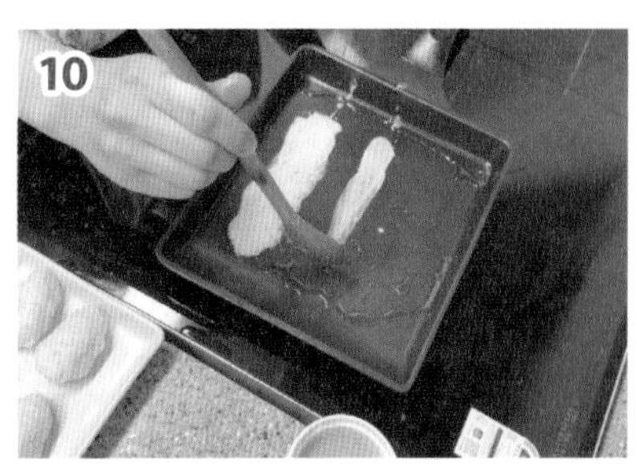

흰자를 한 숟가락 떠서 팬에 쭉 펴주세요.

흰자가 반쯤 익으면 주먹밥을 끝에 올려주세요.

뒤집개로 살살 굴려주세요.

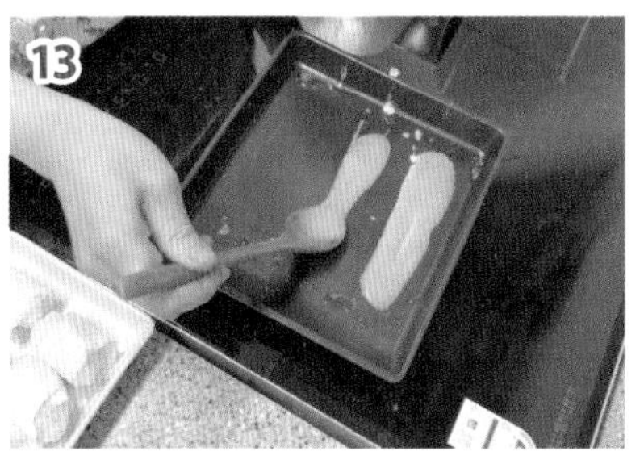

노른자도 마찬가지로 한 숟가락 떠서 팬에 쭉 펴주세요.

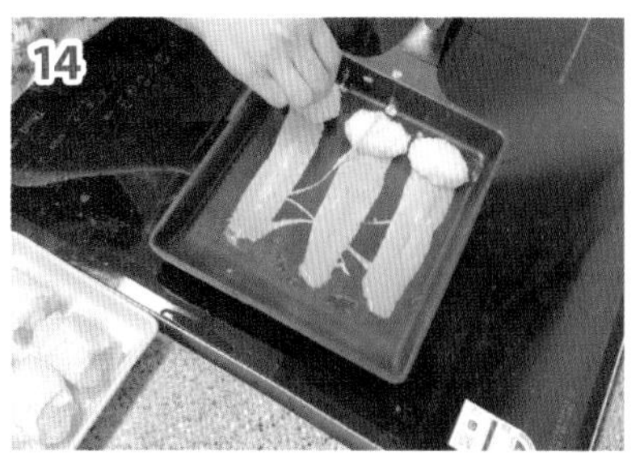

노른자가 반쯤 익으면 주먹밥을 끝에 올려주세요.

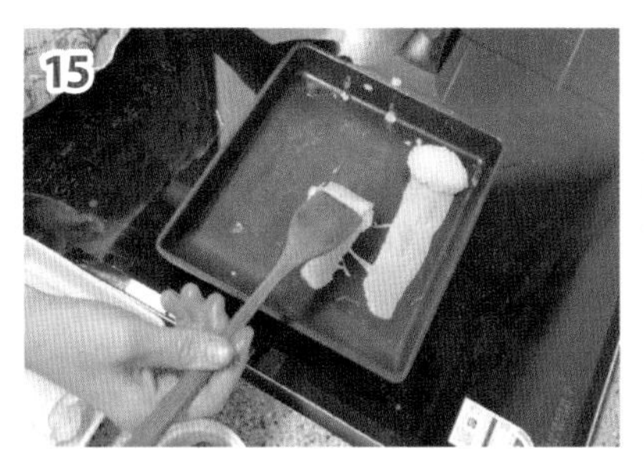

뒤집개로 살살 굴려주세요.

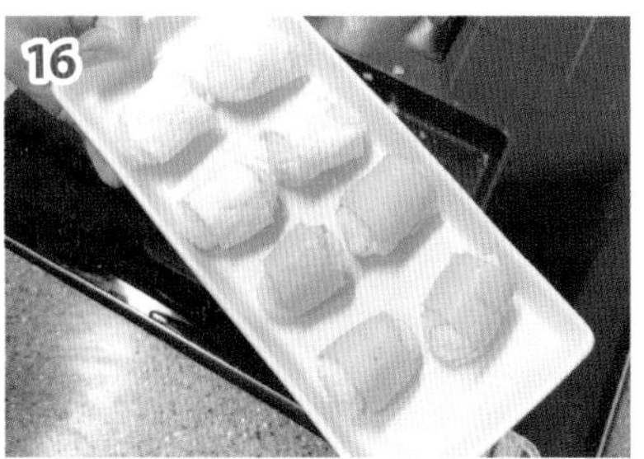

한입달걀주먹밥 완성!

애호박전

준비물

- □ 애호박 1개
- □ 부침가루 혹은 밀가루 2큰술
- □ 달걀 1알
- □ 식용유 2큰술

애호박을 통으로 썰어서 일회용 위생백에 담아주세요.

일회용 위생백에 부침가루 2큰술 넣어주세요.

부침가루가 애호박에 잘 묻게 흔들어주세요.

달걀 1알을 거품기로 잘 풀어주세요.

약중간불로 달군 팬에 식용유를 넉넉히 둘러주세요.

부침가루, 달걀물 순서로 묻혀주세요.

팬에 올려주세요.

TIP
홍고추를 올리면 더 예뻐요! 없어도 상관없어요.

밑면부터 가운데가 거의 다 익을 때까지 기다려주세요.

반찬

뒤집어서 익혀주세요.

이미 거의 다 익혔기 때문에 오래 익힐 필요가 없어요. 마지막으로 뒤집어주세요.

완성!

감자조림

준비물

- □ 감자 2~3개
- □ 당근 반 개(생략 가능)
- □ 물 적당량
- □ 진간장 3큰술
- □ 설탕 1큰술
- □ 올리고당 2큰술
- □ 통깨 적당량

감자를 깍둑썰기 해주세요.

당근도 깍둑썰기 해주세요(생략 가능).

감자, 당근이 살짝 잠기도록 냄비에 물을 담아주세요.

TIP 센불로 조리해 주세요.

진간장 3큰술 넣어주세요.

설탕 1큰술 넣어주세요.

올리고당 2큰술 넣어주세요.

7

간장물이 진하고 진득해질 때까지 바글바글 끓여주세요.

TIP 끓기 시작하면 중약불로 줄여주세요.

8

통깨를 뿌려서 담아주면 완성!

묵은지쌈밥과 앞다리살 수육

도시락 메뉴 구성

밥
묵은지쌈밥
▸ 만드는 법 075쪽

반찬
앞다리살 수육
▸ 만드는 법 076쪽

곁들임 찬 ①
느타리버섯볶음
▸ 만드는 법 077쪽

곁들임 찬 ②
마늘+쌈장
▸ 기성품 사용

곁들임 찬 ③
애호박볶음
▸ 만드는 법 064쪽

묵은지쌈밥

준비물

- ☐ 밥 2공기
- ☐ 묵은지 5~6장
- ☐ 참기름 1큰술

밥에 참기름 한 바퀴 두르고 잘 비벼주세요.

먹기 좋은 크기로 주먹밥을 만들어주세요.

씻은 묵은지 줄기에 주먹밥을 올리고 잎 부분을 감싸주면서 돌돌 말아주세요.

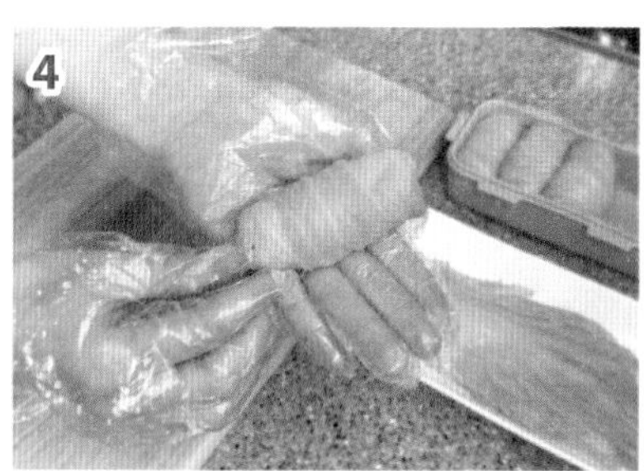

마지막에 꾹꾹 눌러가며 모양을 잡아주면 완성!

먹기 좋게 반으로 잘라주세요.

예쁘게 담으면 완성!

앞다리살 수육

준비물

- □ 돼지고기 앞다리살 400~500g
- □ 물 적당량
- □ 월계수 잎 5~6장
- □ 통마늘 5~6알
- □ 커피 가루 1큰술

1 고기가 푹 잠기도록 냄비에 물을 담아주세요.

2 월계수 잎을 넣어주세요.

3 통마늘 5~6알 넣어주세요.

4 커피 가루 1큰술 넣어주세요.

TIP
중간중간 과도로 고기 중간을 찔러서 핏물이 나오는지 확인해 주세요!

5 40분~1시간 정도 중약불로 삶아주세요.

6 먹기 좋은 크기로 썰어주면 완성!

느타리버섯볶음

준비물

- □ 느타리버섯 200~300g
- □ 당근 반 개
- □ 물 적당량
- □ 식용유 1큰술
- □ 다진 마늘 반 큰술
- □ 참치액젓 1큰술 반
- □ 참기름 1큰술
- □ 통깨 적당량

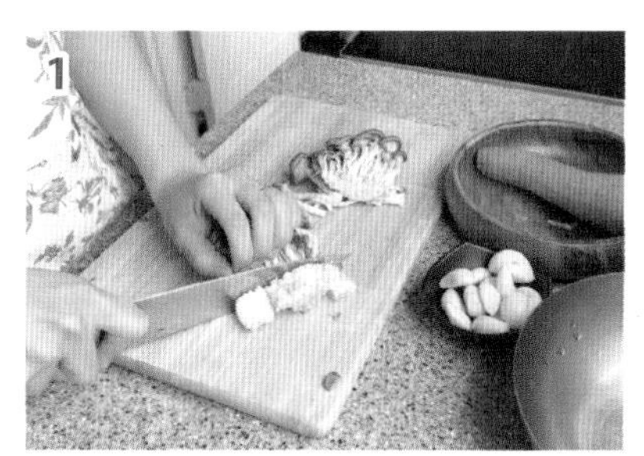

느타리버섯 밑동을 제거해 주세요.

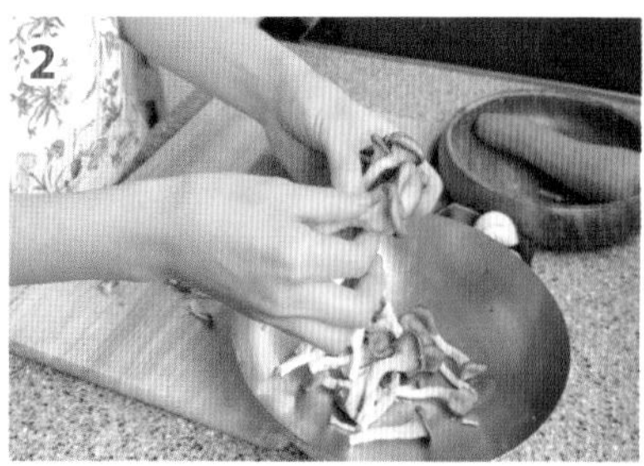

물에 살살 씻은 느타리버섯을 하나씩 찢어주세요.

당근은 느타리버섯과 비슷하게 채 썰어주세요.

끓는 물에 느타리버섯을 30초 정도 데쳐주세요.

TIP 식용유에 바로 볶아도 되지만 한 번 데쳐주면 더 쫄깃쫄깃하게 먹을 수 있어요!

그릇에 옮겨 담아주세요.

느타리버섯 물기를 살짝 짜주세요.

달군 팬에 식용유를 두른 후 다진 마늘 반 큰술 넣고 볶아주세요.

당근을 넣고 볶아주세요.

당근이 거의 다 익으면 느타리버섯을 넣어주세요.

참치액젓 1큰술 반 넣고 볶아주세요.

TIP 물을 살짝 추가하면 재료가 팬에 들러붙지 않아요!

불을 끄고 참기름 한 바퀴 둘러주세요.

통깨를 뿌리고 담아내면 완성!

베이컨 롤밥과 새우 동그랑땡

도시락 메뉴 구성

 밥

베이컨 롤밥

▶ 만드는 법 080쪽

 반찬

새우 동그랑땡

▶ 만드는 법 082쪽

 곁들임 찬 ①

시금치나물

▶ 만드는 법 085쪽

곁들임 찬 ②

감자조림

▶ 만드는 법 072쪽

곁들임 찬 ③

느타리버섯볶음

▶ 만드는 법 077쪽

베이컨 롤밥

준비물

□ 베이컨 6~8장

□ 밥 2공기

□ 참기름 1큰술

밥에 참기름 한 바퀴 둘러주세요.

잘 비벼주세요.

동글동글 먹기 좋은 크기로 주먹밥을 만들어주세요.

베이컨 개수에 맞게 주먹밥도 8개 만들었어요!

달군 팬에 베이컨을 올려주세요.

베이컨 끝에 주먹밥을 올려주세요!

TIP 고정이 잘 되는 베이컨이 있고 금방 떨어지는 베이컨도 있어요. 도시락 담을 때 잘 담아봅시다!

살살 굴려가면서 말아주세요.

베이컨 롤 마지막 부분이 밑으로 가게끔 해서 고정해 주세요.

밥

완성!

새우 동그랑땡

준비물

- ☐ 새우 10~15마리
- ☐ 달걀 1알
- ☐ 대파 반 대
- ☐ 홍고추 혹은 청양고추 1~2개
- ☐ 당근 반 개
- ☐ 부침가루 1큰술
- ☐ 소금 2꼬집
- ☐ 후추 약간
- ☐ 식용유 2큰술

당근을 썰어주세요.

대파를 썰어주세요.

홍고추를 썰어주세요.

1~3을 야채다지기로 다져주세요.

TIP
동그랑땡 위에 올릴 새우 6~7마리는 남겨두세요!

새우도 다져주세요.

다져놓은 야채에 새우를 넣고 섞어주세요.

달걀 1알 넣어주세요.

부침가루 1큰술 넣어주세요.

소금 2꼬집 넣어주세요.

후추 톡톡 뿌려주세요.

골고루 섞이게 반죽해 주세요.

아까 남겨둔 새우!

약불에 식용유를 넉넉히 두른 팬에 반죽 1큰술 떠서 올려주세요.

새우를 동그랑땡 위에 올리고 살짝 눌러주세요.

TIP
자주 뒤집으면 새우가 떨어질 수도 있어요! 인내심을 가지고 기다려주세요.

밑면부터 가운데가 익을 때까지 기다려주세요.

밑면부터 중앙까지 거의 다 익으면 뒤집어서 조금만 더 기다려주세요.

완성!

시금치나물

준비물

- ☐ 시금치 300g
- ☐ 다진 마늘 반 큰술
- ☐ 국간장 1큰술
- ☐ 참치액젓 1큰술
- ☐ 참기름 1큰술
- ☐ 통깨 적당량

시금치 뿌리를 깔끔하게 정리해 주세요.

끓는 물에 시금치를 1분 정도 데쳐주세요.

시금치 물기를 살짝 짜주세요.

다진 마늘 반 큰술 넣어주세요.

국간장 1큰술 넣어주세요.

참치액젓 1큰술 넣어주세요.

참기름 한 바퀴 둘러주세요.

통깨 가득 뿌려주세요.

조물조물 골고루 무쳐주세요.

완성!

참치마요 주먹밥과 햄 달걀말이

도시락 메뉴 구성

밥

참치마요 주먹밥

▶ 만드는 법 088쪽

반찬

햄 달걀말이

▶ 만드는 법 089쪽

곁들임 찬 ①

단무지무침

▶ 만드는 법 091쪽

곁들임 찬 ②

오이볶음

▶ 만드는 법 092쪽

곁들임 찬 ③

배추김치

▶ 기성품 사용

참치마요 주먹밥

준비물

- ☐ 밥 2공기
- ☐ 참치캔 작은 캔 135g
- ☐ 김 가루 적당량
- ☐ 마요네즈 적당량

기름 쫙 뺀 참치를 밥에 넣어주세요.

김 가루도 넣어주세요.

TIP 겉에 묻힐 김 가루는 접시에 따로 담아주세요.

마요네즈를 뿌려주세요.

골고루 잘 비벼주세요.

먹기 좋은 크기로 주먹밥을 만들어주세요.

TIP 주먹밥 겉에 김 가루를 묻히면 또 다른 주먹밥이 됩니다.

차곡차곡 담아주면 완성!

햄 달걀말이

준비물

- □ 햄 200g
- □ 달걀 5알
- □ 식용유 1큰술
- □ 물 적당량

달걀 5알을 거품기로 잘 풀어주세요.

햄을 사각 모양으로 썰어주세요.

햄을 끓는 물에 1분 정도 데쳐주세요.

약불로 달군 팬에 식용유를 둘러주세요.

키친타월로 살살 닦아주세요.

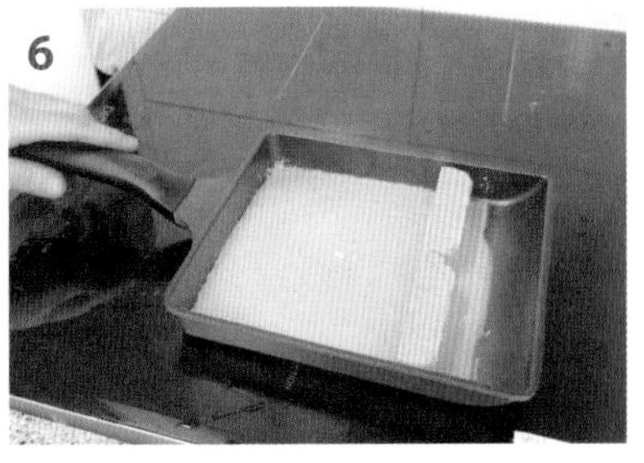

달걀물을 붓고 기포가 올라오면 햄을 올려주세요.

TIP 달걀의 끝부분보다 살짝 앞에 햄을 올리면 말기 쉬워요!

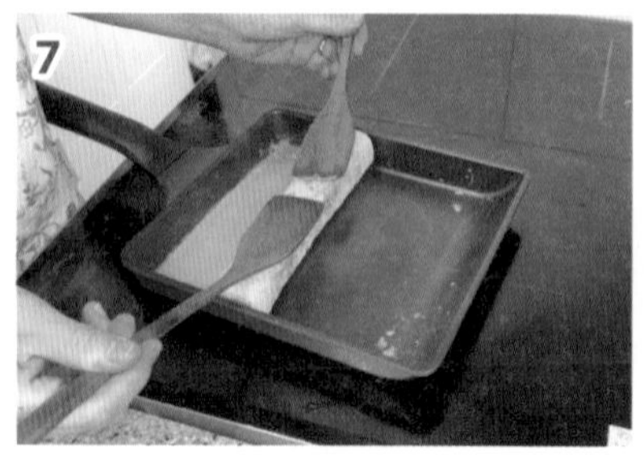

꾹꾹 눌러가면서 말아주세요.

달걀물을 더 넣어주세요.

모양을 잡아주세요.

한 김 식힌 후 썰어주면 완성!

단무지무침

준비물

- ☐ 단무지 150~200g
- ☐ 참기름 1큰술
- ☐ 고춧가루 1큰술
- ☐ 통깨 적당량

단무지를 먹기 좋게 잘라주세요.

참기름을 한 바퀴 둘러주세요.

고춧가루 1큰술 넣어주세요.

골고루 무쳐주세요.

통깨를 뿌려 담아내면 완성!

오이볶음

준비물

- ☐ 오이 1~2개
- ☐ 소금 1큰술
- ☐ 홍고추 혹은 청양고추 1개
- ☐ 식용유 1큰술
- ☐ 다진 마늘 반 큰술
- ☐ 참기름 한 큰술
- ☐ 통깨 적당량

오이를 피클 두께로 채 썰어주세요.

소금 1큰술 넣어주세요.

조물조물 무쳐서 15분 정도 놔두세요.

홍고추를 다져주세요.

15분 후 오이가 투명하게 절여져 있으면 손으로 꽉 짜주세요.

중불로 달군 팬에 식용유를 둘러주세요.

오이를 넣고 볶아주세요.

다진 마늘 반 큰술 넣고 볶아주세요.

다져놓은 홍고추를 넣고 또 볶아주세요.

불을 끄고 참기름을 둘러주세요.

통깨를 뿌려 담아내면 완성!

케일쌈밥과 고추장 삼겹살

도시락 메뉴 구성

 밥

케일쌈밥

▶ 만드는 법 095쪽

 반찬

고추장 삼겹살

▶ 만드는 법 096쪽

 곁들임 찬 ①

오이고추 된장무침

▶ 만드는 법 098쪽

곁들임 찬 ②

연근조림

▶ 만드는 법 099쪽

곁들임 찬 ③

표고버섯볶음

▶ 만드는 법 101쪽

케일쌈밥

준비물

- ☐ 케일 5~6장
- ☐ 밥 2공기
- ☐ 참기름 1큰술
- ☐ 물 적당량

끓는 물에 케일을 줄기부터 넣고 30초 정도 데쳐주세요.

밥에 참기름을 두르고 골고루 비벼주세요.

도시락 크기에 맞춰 주먹밥을 만들어주세요.

주먹밥을 케일 뒷면에 올리고 잎을 감싸가며 돌돌 말아주세요.

반복해서 말아주세요.

완성!

TIP 칼로 반 자르면 먹기 편해요!

고추장 삼겹살

준비물

- ☐ 삼겹살 400~500g
- ☐ 고추장 2큰술
- ☐ 후추 약간
- ☐ 간장 2큰술
- ☐ 설탕 1큰술
- ☐ 미림 1큰술
- ☐ 올리고당 2큰술

TIP 구우면 크기가 줄어들어요. 적당히 크게 썰어주세요!

삼겹살을 먹기 좋은 크기로 썰어주세요.

후추 톡톡 뿌려주세요.

간장 2큰술 넣어주세요.

설탕 1큰술 넣어주세요.

미림 1큰술 넣어주세요.

올리고당 2큰술 넣어주세요.

고추장 2큰술 넣어주세요

조물조물 잘 버무려주세요.

TIP
최소 30분~1시간 정도는 재워야 양념이 잘 배어요!

랩을 씌우거나 밀폐용기에 넣어 냉장고에 재워주세요!

중약불로 달군 팬에 재운 고기를 올려주세요.

육즙이 올라오면 뒤집어주세요.

TIP 양념이 빨리 타기 때문에 자주 뒤집어 주세요.

고기가 다 익으면 완성!

오이고추 된장무침

준비물

- □ 오이고추 2~3개
- □ 다진 마늘 1작은술
- □ 된장 혹은 쌈장 반 큰술
- □ 참기름 반 큰술

오이고추를 먹기 좋은 크기로 잘라주세요.

다진 마늘 1작은술 넣어주세요.

된장 반 큰술 넣어주세요.

참기름 살짝 둘러주세요.

골고루 무쳐주세요.

완성!

TIP 오래 두면 물러져서 바로 먹을 만큼만 만드는 게 좋아요!

연근조림

준비물

- □ 연근 500g
- □ 물 약 100ml
- □ 간장 6~7큰술
- □ 설탕 2큰술
- □ 올리고당 3큰술

연근 껍질을 감자칼로 벗겨내고 깨끗하게 씻어주세요.

연근을 썰어주세요.

TIP 졸이면 크기가 줄어들어요. 적당한 두께로 썰어주세요.

물을 맥주잔 반 컵 정도 넣어주세요.

간장 6~7큰술 넣어주세요.

설탕 2큰술 넣어주세요.

올리고당 3큰술 넣어주세요.

잘 섞어주세요.

냄비 뚜껑을 닫고 약불에 졸여주세요.

중간중간 뒤집어주세요.

연근 색이 진해지고 간장물이 진득해질 때까지 졸여주세요.

완성!

TIP 통깨를 뿌려주면 더욱 먹음직스러워요.

표고버섯볶음

준비물

- ☐ 표고버섯 5~6개
- ☐ 대파 1대
- ☐ 양파 반 개
- ☐ 홍고추 혹은 청양고추 1~2개
- ☐ 식용유 2큰술
- ☐ 물 약 30ml
- ☐ 다진 마늘 반 큰술
- ☐ 굴소스 1큰술
- ☐ 간장 1큰술
- ☐ 참기름 1큰술
- ☐ 통깨 적당량

양파를 채 썰어주세요.

대파를 양파 두께와 비슷하게 채 썰어주세요.

표고버섯 끝부분을 살짝 정리하고 채 썰어주세요.

홍고추를 채 썰어주세요.

달군 팬에 식용유를 넉넉히 두르고 대파, 다진 마늘을 넣고 볶아주세요.

대파가 익으면 양파, 표고버섯을 넣고 볶아주세요.

표고버섯이 살짝 말랑해지면 굴소스 1큰술 넣고 볶아주세요.

소주잔에 물을 반 컵 넣고 볶아주면 좀 더 촉촉하게 먹을 수 있어요.

싱거우면 간장 1큰술 넣어주세요.

홍고추를 넣고 볶아주세요.

불 끄고 참기름 한 바퀴 둘러주세요.

통깨를 뿌려 담아내면 완성!

부추달걀볶음밥과 파프리카 두부전

도시락 메뉴 구성

 밥

부추달걀볶음밥

▸ 만드는 법 104쪽

 반찬

파프리카 두부전

▸ 만드는 법 106쪽

 곁들임 찬 ①

감자어묵볶음

▸ 만드는 법 109쪽

곁들임 찬 ②

시금치나물

▸ 만드는 법 085쪽

곁들임 찬 ③

표고버섯볶음

▸ 만드는 법 101쪽

부추달걀볶음밥

준비물

- □ 부추 100원 동전만큼
- □ 밥 2공기
- □ 달걀 1알
- □ 소시지 70g
- □ 굴소스 2큰술
- □ 식용유 1큰술

부추를 송송 썰어주세요.

달걀 1알 넣어주세요.

잘 섞어주세요.

중불로 달군 팬에 식용유를 둘러주세요.

달걀물을 풀어 팬에 올려주세요.

스크램블 해주세요.

밥을 넣고 볶아주세요.

굴소스 2큰술 넣고 볶아주세요.

TIP 매콤한 맛을 좋아한다면 청양고추를 추가해도 좋아요!

부추달걀볶음밥 완성!

소시지에 칼집을 내주세요.

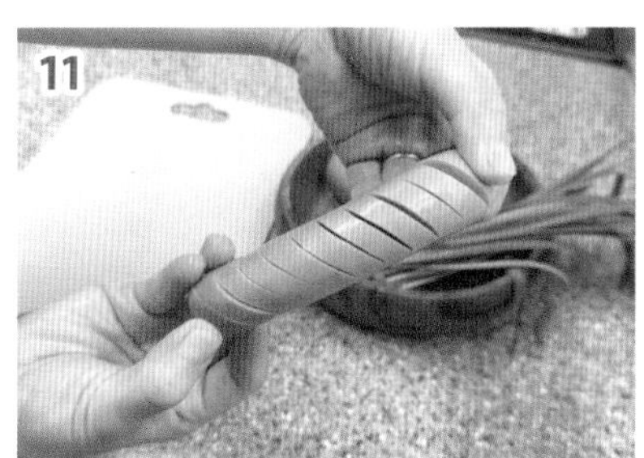

칼집은 이 정도로 내주세요.

소시지를 맛있게 구워주세요!

TIP 부추달걀볶음밥 위에 올려 먹으면 더욱 맛있어요!

파프리카 두부전

준비물

- ☐ 파프리카 2개
- ☐ 두부 반 모 180g
- ☐ 쪽파 반 단
- ☐ 당근 반 개
- ☐ 부침가루 1큰술
- ☐ 달걀 1알
- ☐ 소금 3꼬집
- ☐ 식용유 2큰술

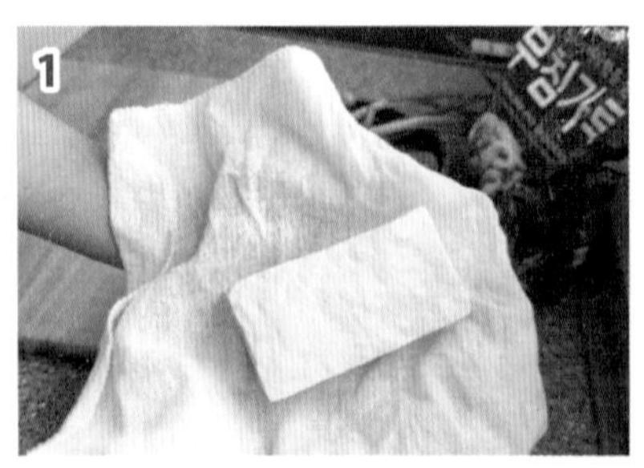

한 번 데친 두부를 면포에 싸서 물기를 짜주세요.

쪽파를 잘게 다져주세요.

당근을 썰어주세요.

야채다지기로 당근을 다져주세요.

부침가루 1큰술 넣어주세요.

달걀 1알 넣고 잘 섞어주세요.

TIP 매콤한 맛을 좋아한다면 청양고추를 추가해도 좋아요!

소금 3꼬집 넣어주세요.

재료들을 잘 섞어주세요.

파프리카를 두껍게 썰고 씨를 제거해 주세요.

씨를 제거하면 이렇게 됩니다.

약불로 달군 팬에 식용유를 넉넉히 둘러 주세요.

파프리카를 팬에 올려주세요.

파프리카 속을 꼼꼼히 채워주세요.

TIP 꼼꼼히 안 채우면 파프리카와 속이 분리돼요!

밑면이 익으면 뒤집어주세요.

충분히 익혀주세요.

완성!

감자어묵볶음

준비물

- ☐ 감자 1~2개
- ☐ 어묵 100~150g
- ☐ 양파 반 개
- ☐ 대파 반 대
- ☐ 홍고추 1개(생략 가능)
- ☐ 식용유 1큰술
- ☐ 다진 마늘 1큰술
- ☐ 설탕 1큰술
- ☐ 물 약 100ml
- ☐ 간장 3큰술
- ☐ 고춧가루 2큰술
- ☐ 올리고당 2큰술
- ☐ 참기름 1큰술

감자를 조금 얇고 넓게 깍둑썰기 해주세요.

양파도 깍둑썰기 해주세요.

대파는 송송 썰어주세요.

홍고추도 송송 썰어주세요(생략 가능).

어묵은 먹기 좋은 크기로 썰어주세요.

둥근 어묵을 썰어 넣어도 좋아요.

겯들임 찬

센불로 달군 팬에 식용유를 둘러주세요.

양파, 홍고추 빼고 몽땅 넣어서 볶아주세요.

다진 마늘 1큰술 넣고 볶아주세요.

설탕 1큰술 넣어주세요.

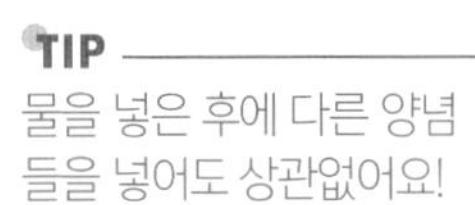

TIP
물을 넣은 후에 다른 양념들을 넣어도 상관없어요!

물을 맥주잔 반 컵 정도 넣고 볶아주세요.

간장 3큰술 넣어주세요.

고춧가루 2큰술 넣어주세요.

올리고당 2큰술 넣어주세요.

지글지글 볶다가 양파를 넣어주세요.

홍고추도 넣고 볶아주세요(생략 가능).

양파가 익으면 참기름 한 바퀴 둘러주세요.

완성!

TIP 통깨를 뿌리면 더욱 먹음직스러워요!

알배추쌈밥과 소불고기

도시락 메뉴 구성

 밥

알배추쌈밥

▸만드는 법 113쪽

 반찬

소불고기

▸만드는 법 115쪽

 곁들임 찬 ①

메추리알 곤약 장조림

▸만드는 법 118쪽

곁들임 찬 ②

배추김치

▸기성품 사용

곁들임 찬 ③

감자어묵볶음

▸만드는 법 109쪽

알배추쌈밥

준비물

- □ 알배추 4~6장
- □ 밥 2공기
- □ 참기름 1큰술

알배추를 찜기에 올려주세요.

냄비 뚜껑을 닫고 3~4분 정도 쪄주세요.

밥에 참기름을 둘러주세요.

잘 섞어주세요.

알배추를 잎까지 쫙 펼쳐주세요.

도시락 가로 크기에 맞게 주먹밥을 만들어주세요.

알배추 위에 주먹밥을 올려주세요.

잎을 감싸면서 돌돌 말아주세요.

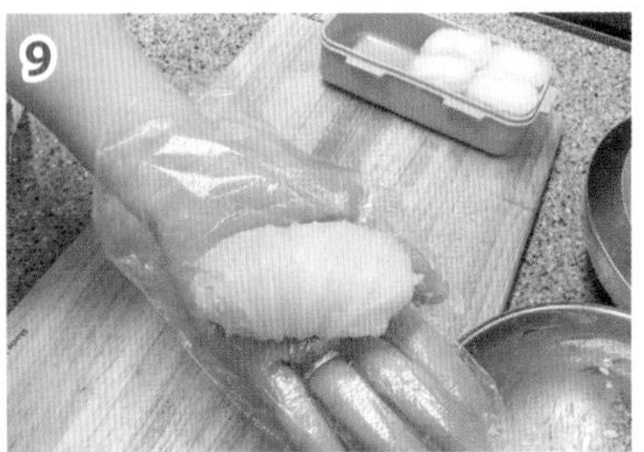

동글동글 모양을 잡아주세요.

먹기 좋게 반 잘라주세요.

단면은 이런 모양이에요.

도시락에 담으면 완성!

소불고기

준비물

- ☐ 소고기 300~350g
- ☐ 양파 반 개
- ☐ 당근 반 개
- ☐ 대파 반 대
- ☐ 새송이버섯 1개 100g
- ☐ 후추 약간
- ☐ 간장 3큰술
- ☐ 미림 1큰술
- ☐ 액젓 1큰술
- ☐ 올리고당 2큰술
- ☐ 다진 마늘 1큰술
- ☐ 참기름 1큰술
- ☐ 통깨 적당량

불고기용 소고기를 준비해 주세요.

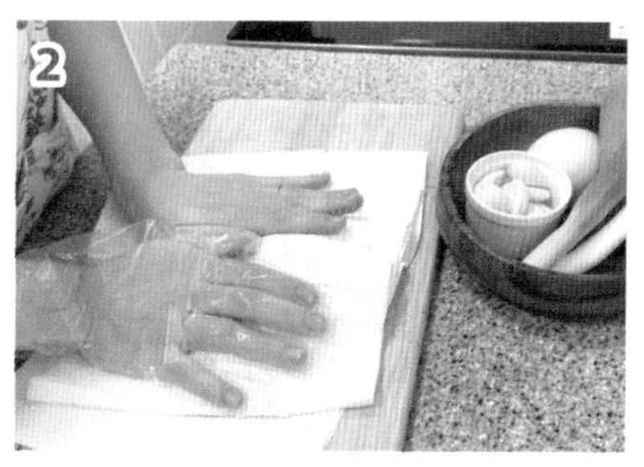

키친타월에 꾹꾹 눌러서 핏물을 제거해 주세요.

후추 톡톡 뿌려주세요.

간장 3큰술 넣어주세요.

미림 1큰술 넣어주세요.

액젓 1큰술 넣어주세요.

TIP 참치액젓도 상관없어요!

올리고당 2큰술 넣어주세요.

다진 마늘 1큰술 넣어주세요.

양념이 잘 배도록 조물조물 무쳐주세요.

TIP
도시락을 아침에 싼다면 전날 저녁에
재워두는 게 제일 좋아요.

랩을 씌우거나 밀폐용기에 넣어서 최소
30분~1시간 정도 재워주세요.

양파를 채 썰어주세요.

당근도 채 썰어주세요.

대파도 먹기 좋은 크기로 썰어주세요.

새송이버섯도 먹기 좋은 크기로 썰어주세요.

중불로 달군 팬에 재워둔 고기를 올려주세요.

볶으면서 물이 생기면 야채를 몽땅 넣고 볶아주세요.

야채들이 익으면 참기름 한 바퀴 둘러주세요.

통깨를 뿌리면 완성!

반찬

메추리알 곤약 장조림

준비물

- □ 메추리알 500g
- □ 곤약 200~250g
- □ 물 적당량
- □ 간장 6~7큰술
- □ 설탕 1큰술
- □ 올리고당 2큰술

TIP 곤약은 메추리알 반 정도의 분량을 준비해 주세요.

메추리알과 곤약을 깨끗하게 씻어주세요. 메추리알이 살짝 잠길 정도로 냄비에 물을 채우고 곤약은 먹기 좋은 크기로 썰어주세요.

곤약을 냄비에 넣어주세요.

간장 6~7큰술 넣어주세요.

설탕 1큰술 넣어주세요.

TIP 조금 싱거워도 괜찮아요!

올리고당 2큰술 넣어주세요.

잘 섞어주세요.

TIP 중간중간 저어주세요! 안 그러면 간장물에 잠긴 부분만 색이 배어요.

냄비 뚜껑을 닫고 졸여주세요.

색이 진해질 때까지 골고루 졸여주세요!

완성!

TIP 통깨를 뿌려 담아내면 더욱 먹음직스러워요.

참치마요덮밥과 베이컨 달걀말이

도시락 메뉴 구성

 밥

참치마요덮밥

▶ 만드는 법 121쪽

 반찬

베이컨 달걀말이

▶ 만드는 법 124쪽

겯들임 찬 ①

배추나물

▶ 만드는 법 127쪽

겯들임 찬 ②

파김치

▶ 기성품 사용

겯들임 찬 ③

메추리알 곤약 장조림

▶ 만드는 법 118쪽

참치마요덮밥

밥

준비물

- □ 참치캔 작은 캔 135g
- □ 양파 반 개
- □ 김 가루 적당량
- □ 통깨 적당량
- □ 마요네즈 적당량
- □ 간장 1큰술
- □ 미림 1큰술
- □ 올리고당 1큰술

소스

간장 1큰술 넣어주세요.

미림 1큰술 넣어주세요.

올리고당 1큰술 넣어주세요.

1~3을 잘 섞어주세요. 소스 완성!

양파를 채 썰어주세요.

중불로 달군 팬에 양파, 소스를 넣어주세요.

양파가 흐물흐물해질 때까지 볶아주세요.

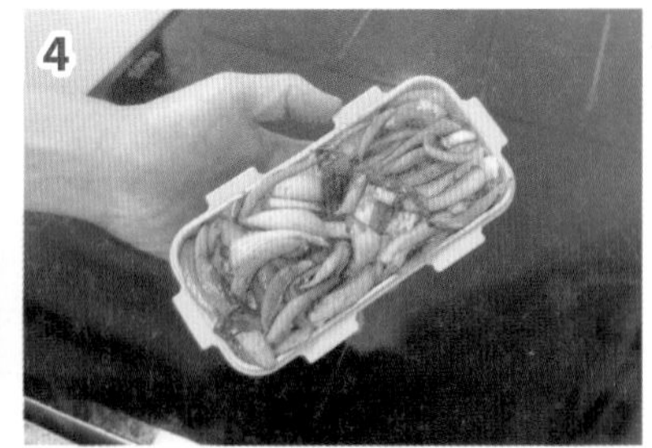

밥 위에 볶은 양파를 올려주세요.

기름 뺀 참치를 올려주세요.

김 가루를 올리고 꾹꾹 눌러주세요.

기호에 따라 참치를 더 넣어도 좋아요.

통깨 솔솔 뿌려주세요.

마요네즈 뿌려주세요.

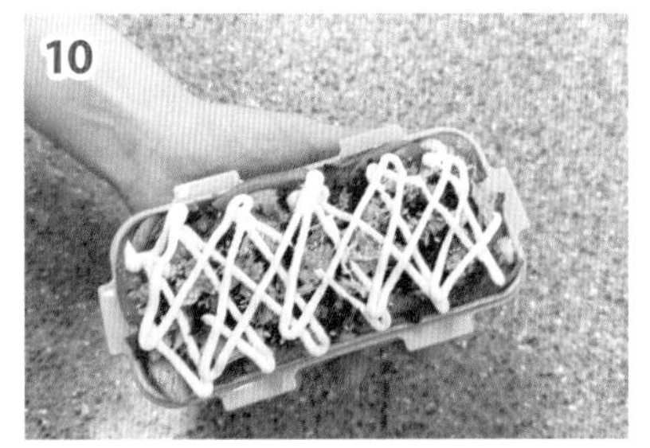

완성!

TIP 달걀 스크램블을 만들어서 올려주면 더 맛있어요!

베이컨 달걀말이

준비물

- □ 베이컨 6~8장
- □ 달걀 5알
- □ 대파 반 대
- □ 식용유 1큰술

대파 송송 썰어주세요.

TIP 양파나 당근 등 다른 야채도 좋아요!

달걀 5알을 넣어주세요.

거품기로 잘 풀어주세요.

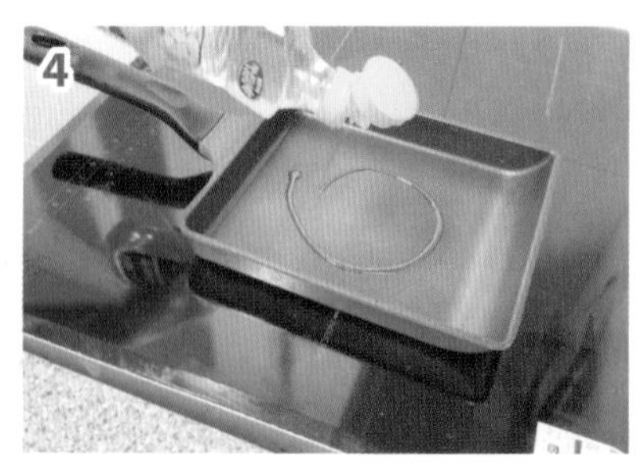

약불로 달군 팬에 식용유를 둘러주세요.

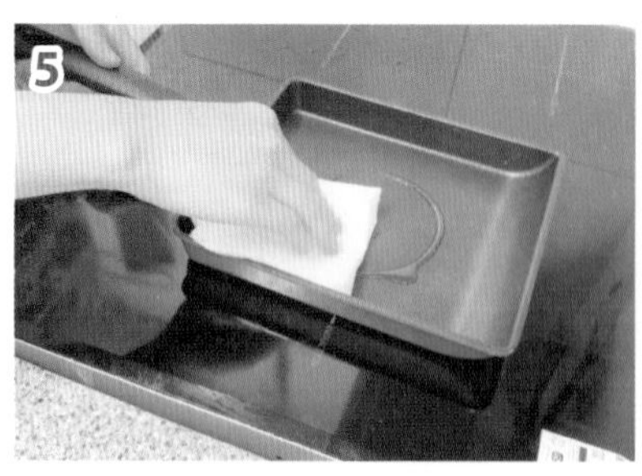

키친타월로 살짝 닦아내 주세요.

달걀물을 붓고 기포가 올라오면 꾹꾹 눌러가며 말아주세요.

TIP 터져도 괜찮아요! 마지막에 잘 눌러주면서 모양을 잡아주면 됩니다.

달걀물을 더 넣어주세요.

꾹꾹 눌러가며 말아주세요.

달걀말이 완성!

달걀말이를 도시락 크기에 맞춰서 썰어주세요.

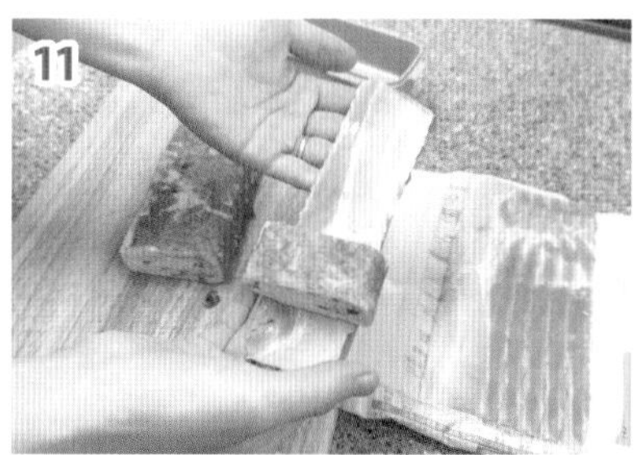

베이컨 위에 달걀말이를 올려주세요.

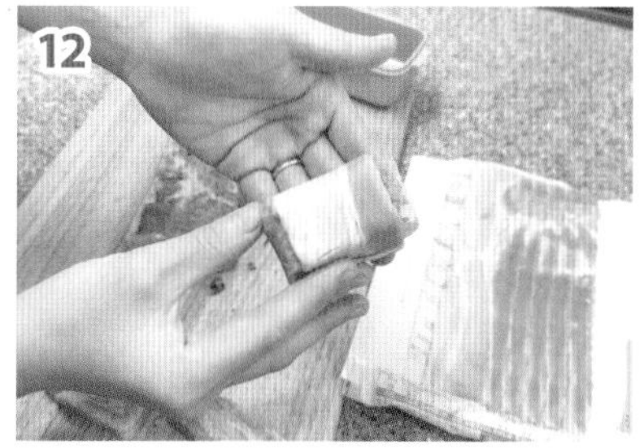

달걀말이에 베이컨을 빈틈없이 돌돌 말아주세요.

중불로 달군 팬에 베이컨 달걀말이를 올려주세요.

골고루 4면을 잘 익혀주세요.

TIP 달걀 부분을 잡아주면 안 뜨거워요.

완성!

TIP 케첩을 뿌려 먹으면 더욱 맛있어요.

배추나물

준비물

- □ 알배추 반 포기
- □ 쪽파 4~5줄
- □ 다진 마늘 반 큰술
- □ 액젓 1큰술
- □ 참기름 1큰술
- □ 통깨 적당량

끓는 물에 깨끗하게 씻은 알배추를 넣고 3분 정도 데쳐주세요.

데치는 동안 냄비 뚜껑은 닫아주세요.

알배추가 흐물흐물해질 때까지 데쳐주세요.

알배추를 썰어서 물기를 쫙 짜주세요.

TIP 시간이 지나면 물이 생겨서 물기를 짜주는 게 좋아요.

쪽파를 송송 썰어주세요.

다진 마늘 반 큰술 넣어주세요.

액젓 1큰술 넣어주세요.

참기름 한 바퀴 둘러주세요.

통깨 뿌려주세요.

골고루 무쳐주세요.

완성!

깻잎쌈밥과 오징어볶음

도시락 메뉴 구성

밥
깻잎쌈밥
▶ 만드는 법 130쪽

반찬
오징어볶음
▶ 만드는 법 131쪽

곁들임 찬 ①
두부구이
▶ 만드는 법 135쪽

곁들임 찬 ②
콩나물조림
▶ 만드는 법 137쪽

곁들임 찬 ③
연근조림
▶ 만드는 법 099쪽

깻잎쌈밥

준비물

- □ 깻잎 8~10장
- □ 밥 2공기
- □ 참기름 1큰술

TIP 깻잎을 데치고 꺼냈을 때 잎이 거뭇거뭇하게 변하면 데치는 시간을 늘려주세요.

깻잎을 끓는 물에 5~10초 정도 데쳐주세요.

밥에 참기름 한 바퀴 둘러서 잘 섞어주세요.

먹기 좋은 크기로 주먹밥을 만들어 주세요.

깻잎의 앞면 가운데에 주먹밥을 올리고 깻잎을 접어가면서 돌돌 감싸주세요.

동그랗게 모양을 잡아주세요.

완성!

오징어볶음

준비물

- ☐ 오징어 2마리
- ☐ 양파 1개
- ☐ 대파 1대
- ☐ 당근 반 개
- ☐ 양배추 반 통
- ☐ 홍고추 혹은 청양고추 2~3개
- ☐ 식용유 2큰술
- ☐ 설탕 1큰술
- ☐ 간장 3큰술
- ☐ 고춧가루 2큰술
- ☐ 고추장 1큰술
- ☐ 다진 마늘 1큰술
- ☐ 참기름 1큰술
- ☐ 통깨 적당량

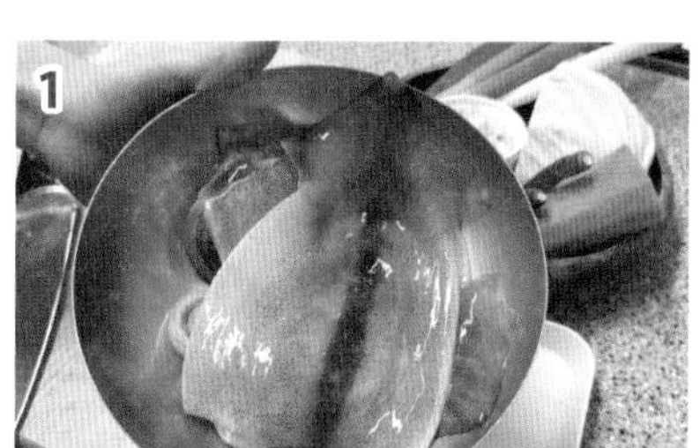

오징어를 깨끗하게 씻어주세요.

TIP 칼을 최대한 눕혀야 오징어가 안 찢어져요. 칼집은 안 내도 상관없어요.

칼집을 내주세요.

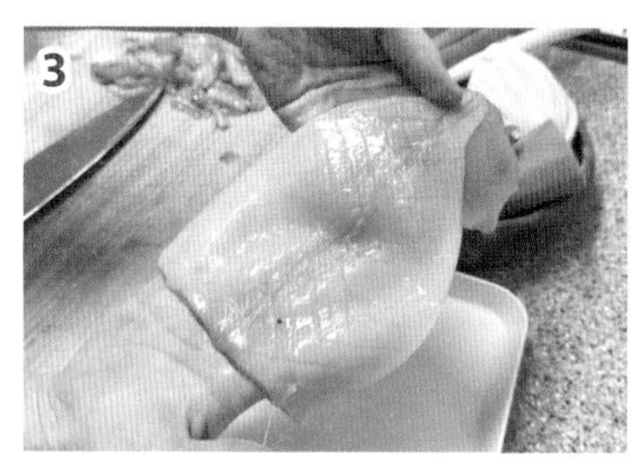

벌집 모양으로 칼집을 내주세요.

오징어를 먹기 좋게 썰어주세요.

뜨거운 물에 오징어를 살짝 데쳐주세요.

TIP 오징어를 한 번 데치면 볶을 때 물이 많이 안 생겨요!

물기를 제거해 주세요.

양파를 채 썰어주세요.

대파를 먹기 좋게 썰어주세요.

당근을 먹기 좋게 썰어주세요.

양배추를 큼직하게 썰어주세요.

홍고추를 썰어주세요.

센불로 달군 팬에 식용유를 넉넉히 둘러 주세요.

TIP
파기름을 낼 때 다진 마늘을 넣으면 마늘향이 더해져요!

먼저 대파를 넣고 파기름을 내주세요.

데친 오징어를 넣고 설탕 1큰술 넣고 볶아주세요.

간장 3큰술 넣어주세요.

고춧가루 2큰술 넣어주세요.

고추장 1큰술 넣어주세요.

양념이 잘 섞이게 볶아주세요.

홍고추를 제외한 야채를 몽땅 넣고 양파가 반쯤 익을 때까지 볶아주세요.

홍고추를 넣고 살짝 볶아주세요.

TIP

마지막에 다진 마늘을 넣어주면 마늘 식감이 살아 있어서 좋아요!

다진 마늘 1큰술 넣어주세요.

참기름 한 바퀴 둘러주세요.

통깨를 뿌려 담아내면 완성!

두부구이

준비물

- □ 두부 반 모 180g
- □ 홍고추 혹은 청양고추 1개
- □ 쪽파 1줄
- □ 간장 1큰술
- □ 고춧가루 1작은술
- □ 통깨 1작은술
- □ 식용유 2큰술

양념장

홍고추를 다져주세요.

쪽파를 다져주세요.

간장 1큰술 넣어주세요.

고춧가루 1작은술 넣어주세요.

통깨 1작은술 넣어주세요.

다져놓은 야채들을 넣고 골고루 섞어주세요. 양념장 완성!

TIP
두부를 전자레인지에 1~2분 돌려서 물기를 제거하면 구울 때 기름이 덜 튀어요!

두부를 먹기 좋은 크기로 썰어주세요.

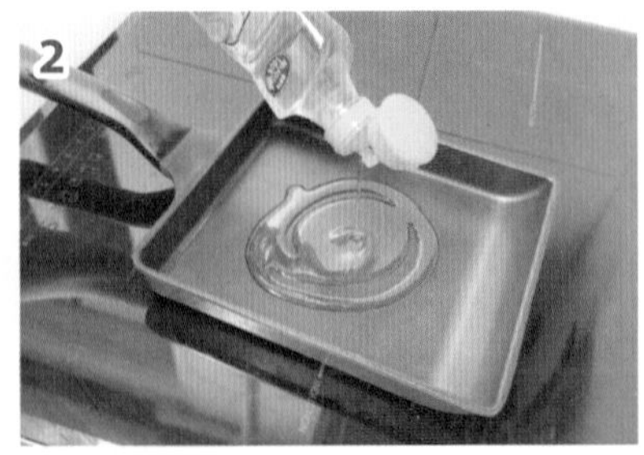
중약불로 달군 팬에 식용유를 넉넉히 둘러주세요.

팬 위에 두부를 올려주세요.

두부가 노릇노릇 익을 때까지 구워주세요.

완성!

콩나물조림

준비물

- ☐ 콩나물 1봉지 300~350g
- ☐ 물 적당량
- ☐ 간장 3큰술
- ☐ 고춧가루 2큰술
- ☐ 설탕 2큰술
- ☐ 다진 마늘 1큰술
- ☐ 통깨 적당량

1 콩나물을 깨끗하게 씻어주세요.

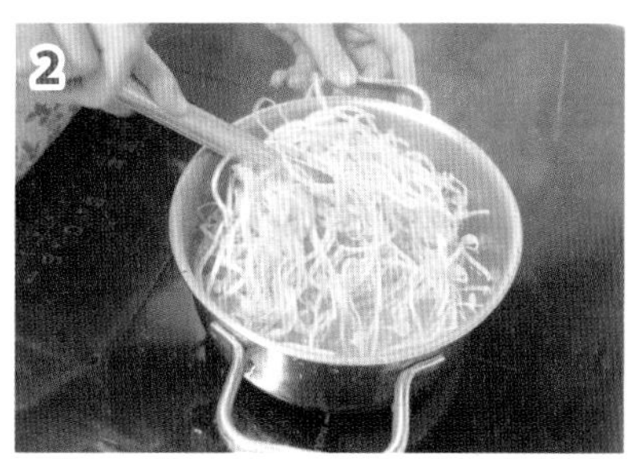

2 콩나물이 반쯤 잠길 정도로 물을 넣고 삶아주세요.

TIP 중간에 콩나물을 한 번 뒤집어주세요.

3 숨이 죽을 때까지 삶아주세요.

4 소주잔 2컵 정도 물을 남기고 간장 3큰술 넣어주세요.

5 고춧가루 2큰술 넣어주세요.

6 설탕 2큰술 넣어주세요.

7

다진 마늘 1큰술 넣어주세요.

8

골고루 섞어주세요.

TIP
오래 졸이면 콩나물이 말라서 질겨져요. 물이 살짝 졸면 불을 꺼주세요.

9

바글바글 졸여주세요.

10

통깨를 뿌려 담아내면 완성!

TIP 참기름 한 바퀴 둘러주면 더 맛있어요!

소시지볶음밥과 양배추전

도시락 메뉴 구성

 밥

소시지볶음밥

▶ 만드는 법 140쪽

 반찬

양배추전

▶ 만드는 법 144쪽

 곁들임 찬 ①

햄감자볶음

▶ 만드는 법 146쪽

곁들임 찬 ②

배추김치

▶ 기성품 사용

곁들임 찬 ③

콩나물조림

▶ 만드는 법 137쪽

소시지볶음밥

준비물

- ☐ 비엔나소시지 8~10개
- ☐ 밥 2공기
- ☐ 달걀 1알
- ☐ 양파 반 개
- ☐ 대파 반 대
- ☐ 식용유 2큰술
- ☐ 후추 약간
- ☐ 굴소스 1큰술

소시지를 먹기 좋게 썰어주세요.

도시락 위에 올릴 소시지는 칼집을 내주세요.

양파를 채 썰어주세요.

야채다지기로 양파를 다져주세요.

대파를 송송 썰어주세요.

센불로 달군 팬에 식용유를 넉넉히 둘러주세요.

대파를 살짝 볶아주세요.

칼집 낸 소시지를 볶아주세요.

칼집이 벌어지면 따로 빼주세요.

양파를 넣고 볶아주세요.

소시지를 넣고 볶아주세요.

후추 톡톡 뿌려주세요.

양파가 반쯤 익으면 밥 넣고 볶아주세요.

밥이 골고루 섞이면 굴소스 1큰술 넣고 볶아주세요.

TIP
매콤한 맛을 좋아한다면 청양고추를 추가해도 좋아요!

완성!

스크램블

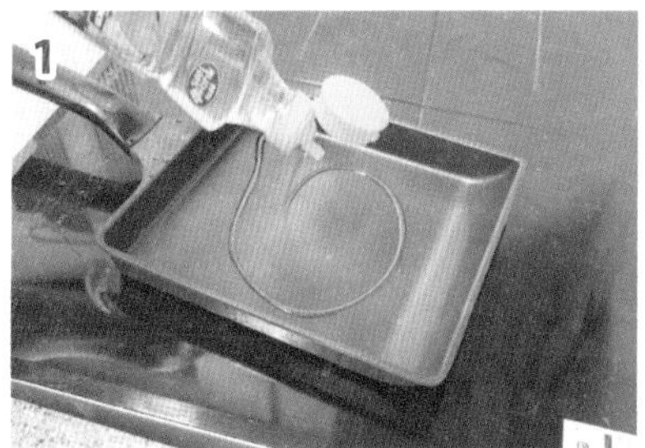

달군 팬에 식용유를 둘러주세요.

달걀 1알을 깨주세요.

섞듯이 볶아주세요.

잘 익을 때까지 볶아주세요.

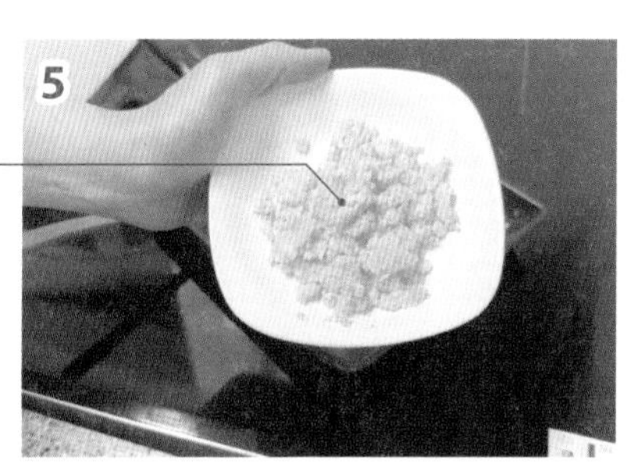

완성!

TIP
매콤한 맛을 좋아한다면 청양고추를 추가해도 좋아요!

양배추전

준비물

- 양배추 1/3통
- 양파 반 개
- 당근 반 개
- 홍고추 혹은 청양고추 1~2개(생략 가능)
- 달걀 2알
- 부침가루 2큰술
- 식용유 2큰술

양파를 먹기 좋은 크기로 채 썰어주세요.

당근을 먹기 좋은 크기로 채 썰어주세요.

TIP 오코노미야키처럼 크게 한 판 만들려면 야채를 길게 썰어도 괜찮아요. 작게 하려면 야채를 짧고 작게 썰어야 굽기 수월해요.

양배추를 먹기 좋은 크기로 채 썰어주세요.

홍고추를 썰어주세요(생략 가능).

그릇에 1~5를 담고 달걀 2알 넣어주세요.

부침가루 2큰술 넣어주세요.

TIP 부침가루에 간이 되어 있어서 소금은 따로 넣지 않아도 돼요.

반죽에 물기가 생길 때까지 섞어주세요.

약불로 달군 팬에 식용유를 넉넉히 둘러 주세요.

반죽을 1큰술씩 떠서 올리고 모양을 잡아 주세요.

밑면이 익을 때까지 기다렸다가 뒤집어주세요.

양파가 다 익을 때까지 구워주세요.

완성!

TIP 케첩에 찍어 먹어도 맛있어요.

햄감자볶음

준비물

- □ 감자 2~3개
- □ 햄 200g
- □ 식용유 2큰술
- □ 후추 약간
- □ 통깨 적당량

감자를 채 썰어주세요.

햄을 감자 길이에 맞춰 채 썰어주세요.

중불로 달군 팬에 식용유를 넉넉히 둘러주세요.

감자를 넣고 후추 톡톡 뿌리고 감자가 2/3 익을 때까지 볶아주세요. 불을 살짝 줄여주세요.

햄을 넣고 햄이 몰랑해지고 노릇해질 때까지 볶아주세요.

TIP
물을 살짝 추가하면 재료가 팬에 들러붙지 않아요!

통깨를 뿌려 담아내면 완성!

초간단 도시락 레시피 17

달걀롤밥과 닭갈비

도시락 메뉴 구성

 밥

달걀롤밥

▶ 만드는 법 148쪽

 반찬

닭갈비

▶ 만드는 법 151쪽

 곁들임 찬 ①

새송이버섯볶음

▶ 만드는 법 154쪽

곁들임 찬 ②

오이무침

▶ 만드는 법 055쪽

곁들임 찬 ③

햄감자볶음

▶ 만드는 법 146쪽

달걀롤밥

준비물

- ☐ 달걀 2알
- ☐ 밥 2공기
- ☐ 김밥 김 1장
- ☐ 식용유 1큰술

달걀 2알을 그릇에 넣어주세요.

거품기로 잘 풀어주세요.

약불로 달군 팬에 식용유를 둘러주세요.

키친타월로 살짝 닦아주세요.

달걀물을 붓고 골고루 펴주세요.

밑면이 익을 때까지 기다렸다 뒤집어서 익혀주세요.

완성된 지단의 모서리를 깔끔하게 정리해주세요.

지단을 일정한 크기로 4~5등분 해주세요.

TIP
김밥 김의 세로줄을 따라 가위로 오리면 수월해요.

김밥 김으로 일정한 크기로 4~5개의 띠를 만들어주세요.

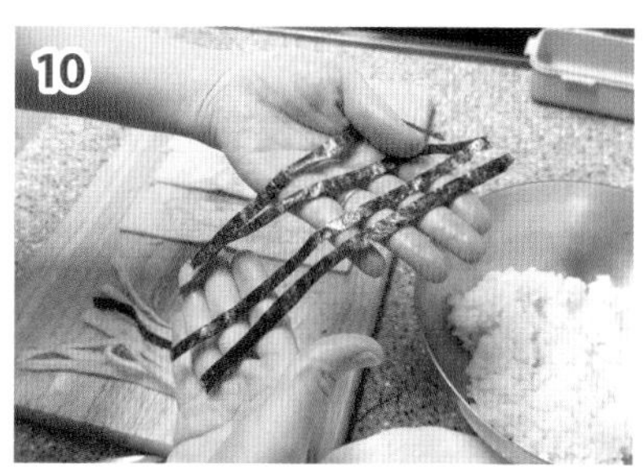

얇은 띠 여러 개를 만들어주세요.

주먹밥을 만들어주세요.

지단 위에 주먹밥을 올려주세요.

돌돌 말아주세요.

이런 모양이 됩니다.

TIP

띠가 잘 안 붙으면 종이에 풀 바르듯 김 끝부분에 참기름을 살짝 묻히면 잘 붙어요!

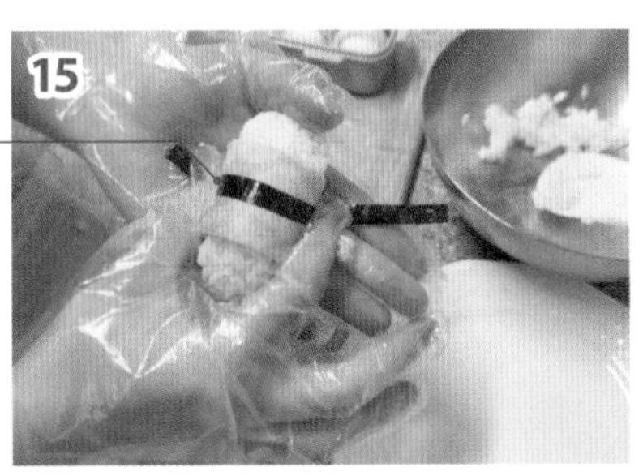

김밥 김으로 만든 띠를 가운데 둘러주세요.

완성!

닭갈비

준비물

- □ 순살 닭다리살 약 600g
- □ 양파 1개
- □ 대파 1대
- □ 양배추 1/3통
- □ 고구마 혹은 감자 1~2개
- □ 청양고추 2~3개
- □ 후추 약간
- □ 간장 3큰술
- □ 미림 2큰술
- □ 설탕 2큰술
- □ 고추장 2큰술
- □ 다진 마늘 1큰술
- □ 고춧가루 2큰술
- □ 통깨 적당량

닭고기를 먹기 좋은 크기로 썰어주세요.

양파를 채 썰어주세요.

대파를 좋아하는 크기로 썰어주세요.

양배추를 큼직하게 썰어주세요.

고구마를 좋아하는 모양으로 썰어주세요.

TIP 감자도 괜찮아요. 너무 두꺼우면 안 익으니까 적당한 두께로 썰어주세요.

청양고추를 썰어주세요.

후추 톡톡 뿌려주세요.

간장 3큰술 넣어주세요.

미림 2큰술 넣어주세요.

설탕 2큰술 넣어주세요.

고추장 2큰술 넣어주세요.

다진 마늘 1큰술 넣어주세요.

고춧가루 2큰술 넣어주세요.

양념이 잘 배게 조물조물 해주세요.

중불로 달군 팬에 양념한 닭고기를 올려 주세요.

고구마를 올리고 고구마가 익을 때까지 볶아주세요.

청양고추를 넣어주세요.

TIP 매콤한 맛이 좋다면 넣어주세요!

통깨를 뿌려 담아내면 완성!

새송이버섯볶음

준비물

- □ 새송이버섯 200~300g
- □ 당근 반 개
- □ 양파 반 개
- □ 홍고추 혹은 청양고추 1~2개
- □ 다진 마늘 반 큰술
- □ 소금 3꼬집
- □ 참기름 1큰술
- □ 통깨 적당량

당근을 먹기 좋은 크기로 썰어주세요.

양파를 깍둑썰기 해주세요.

홍고추를 썰어주세요.

중불로 달군 팬에 식용유를 살짝 둘러주세요.

다진 마늘 반 큰술 넣고 달달 볶아주세요.

새송이버섯과 썰어놓은 야채를 몽땅 넣고 볶아주세요.

소금 3꼬집 넣어주세요.

버섯이 익을 때까지 볶아주세요.

TIP 물을 살짝 추가하면 재료가 팬에 들러붙지 않아요!

불을 끄고 참기름 한 바퀴 둘러주세요.

통깨를 뿌려 담아내면 완성!

베이컨볶음밥과 치즈야채달걀말이

도시락 메뉴 구성

 밥

베이컨볶음밥

▸ 만드는 법 157쪽

 반찬

치즈야채달걀말이

▸ 만드는 법 159쪽

 곁들임 찬 ①

고추장감자조림

▸ 만드는 법 161쪽

곁들임 찬 ②

새송이버섯볶음

▸ 만드는 법 154쪽

곁들임 찬 ③

배추김치

▸ 기성품 사용

베이컨볶음밥

준비물

- □ 베이컨 6~8장
- □ 밥 1공기
- □ 양파 반 개
- □ 마늘 5~6알
- □ 버터 반 큰술
- □ 후추 약간

양파를 다져주세요.

마늘을 큼직하게 썰어주세요.

베이컨을 먹기 좋은 크기로 썰어주세요.

달군 팬에 버터 반 큰술 넣어주세요.

양파와 마늘을 볶아주세요.

베이컨을 넣고 볶아주세요.

후추 톡톡 뿌려주세요.

달달 볶아주세요.

베이컨이 익으면 밥 넣고 볶아주세요.

완성!

TIP 싱거우면 소금 또는 굴소스 1큰술로 간을 맞춰주세요!

매콤한 맛을 좋아한다면 청양고추를 추가해도 좋아요!

치즈야채달걀말이

준비물

- □ 달걀 4알
- □ 양파 반 개
- □ 당근 반 개
- □ 청양고추 1~2개(생략 가능)
- □ 소금 3꼬집
- □ 슬라이스 치즈 1~2장
- □ 식용유 반 큰술

양파를 다져주세요.

당근을 다져주세요.

청양고추를 다져주세요(생략 가능).

소금 3꼬집 넣어주세요.

달걀 4알 넣어주세요.

부드러워질 때까지 거품기로 풀어주세요.

TIP
키친타월로 식용유를 닦아주고 달걀물을 부으면 깔끔해요.

약불로 달군 팬에 식용유를 살짝 두르고 달걀물을 팬을 얇게 덮을 정도로만(한 국자) 부어주세요.

거의 다 익으면 슬라이스 치즈를 올려주세요.

꾹꾹 눌러가며 말아주세요.

슬라이스 치즈를 올려주세요.

모양을 잡으면서 말아주세요.

완성!

고추장감자조림

준비물

- □ 감자 2~3개
- □ 물 약 100ml
- □ 간장 2큰술
- □ 설탕 1큰술
- □ 고추장 1큰술

감자를 먹기 좋은 크기로 깍둑썰기 해주세요.

물을 맥주잔 반 컵(감자가 반 정도 잠기도록) 넣어주세요.

간장 2큰술 넣어주세요.

설탕 1큰술 넣어주세요.

고추장 1큰술 넣어주세요.

양념을 잘 풀어주세요.

뚜껑을 닫고 졸여주세요.

중간중간 뒤집어주세요.

감자가 익을 때까지 졸여주세요.

완성!

새우김치볶음밥과 목살스테이크

도시락 메뉴 구성

 밥

새우김치볶음밥

▶ 만드는 법 164쪽

 반찬

목살스테이크

▶ 만드는 법 166쪽

 곁들임 찬 ①

미나리무침

▶ 만드는 법 170쪽

곁들임 찬 ②

단무지

▶ 기성품 사용

곁들임 찬 ③

고추장감자조림

▶ 만드는 법 161쪽

새우김치볶음밥

준비물

- □ 밥 2공기
- □ 새우 10~15마리
- □ 김치 1/3포기
- □ 대파 1대
- □ 다진 마늘 1큰술
- □ 식용유 1큰술
- □ 굴소스 1큰술

김치를 가위로 잘게 잘라주세요.

대파를 송송 채 썰어주세요.

센불로 달군 팬에 식용유를 둘러주세요.

대파, 다진 마늘을 넣고 볶아주세요.

대파가 살짝 타면 새우를 넣고 볶아주세요.

새우가 1/3 정도 익으면 김치를 넣고 볶아주세요.

김치가 투명해지면 밥을 넣고 볶아주세요.

굴소스 1큰술 넣고 볶아주세요.

완성!

TIP 매콤한 맛을 좋아한다면 청양고추를 추가해도 좋아요!

목살스테이크

준비물

- ☐ 돼지 목살 약 300g
- ☐ 버터 1큰술
- ☐ 당근 반 개
- ☐ 브로콜리 반 개
- ☐ 마늘 3~4알
- ☐ 후추 약간
- ☐ 굴소스 1큰술
- ☐ 스테이크 소스 1큰술
- ☐ 진간장 1큰술
- ☐ 돈가스 소스 2큰술
- ☐ 설탕 1큰술
- ☐ 미림 1큰술

가니시

당근을 먹기 좋은 크기로 깍둑썰기 해주세요.

깨끗하게 씻은 브로콜리와 당근을 쪄주세요. 살짝 데쳐도 상관없어요.

TIP 찜 용기에 넣고 전자레인지에 1분 30초 정도 돌려도 됩니다.

마늘은 편 썰어주세요!

가니시 준비 완료!

소스

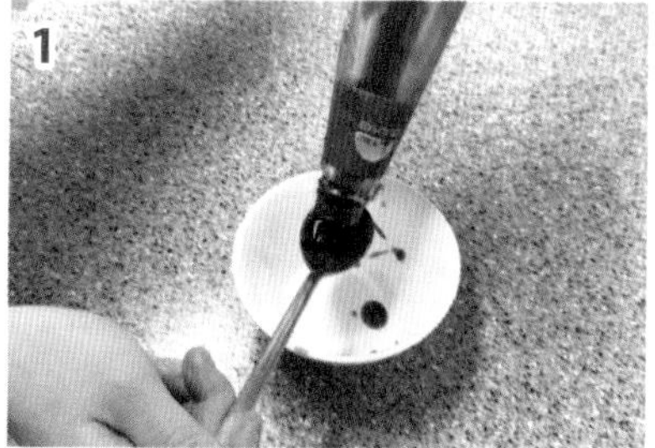

굴소스 1큰술 넣어주세요.

스테이크 소스 1큰술 넣어주세요.

반찬

진간장 1큰술 넣어주세요.

돈가스 소스 2큰술 넣어주세요.

설탕 1큰술 넣어주세요.

미림 1큰술 넣고 골고루 섞어주세요. 소스 완성!

고기와 가니시 굽기

소스가 잘 배도록 목살에 벌집 모양으로 양면 다 칼집을 내주세요!

달군 팬에 버터 1큰술 녹여주세요.

목살과 가니시를 팬에 올리고 목살에 후추를 톡톡 뿌려주세요.

목살과 가니시를 뒤집으면서 익혀주세요.

살짝 익힌 가니시는 따로 접시에 담아 준비해 주세요.

목살을 마저 익혀주세요.

소스를 부어주세요.

고기를 잘 뒤집어가며 소스가 배도록 해주세요.

반찬

완성!

미나리무침

준비물

- □ 미나리 500원 동전만큼
- □ 양파 반 개
- □ 간장 2큰술
- □ 설탕 1큰술
- □ 식초 2큰술
- □ 고춧가루 2큰술
- □ 참기름 1큰술
- □ 통깨 적당량

미나리를 먹기 좋은 크기로 썰어주세요.

양파를 채 썰어주세요.

간장 2큰술 넣어주세요.

설탕 1큰술 넣어주세요.

식초 2큰술 넣어주세요.

고춧가루 2큰술 넣어주세요.

참기름 한 바퀴 둘러주세요.

통깨 뿌려주세요.

골고루 무쳐주세요.

완성!

초간단 도시락 레시피 20

게맛살볶음밥과 참치 애호박전

도시락 메뉴 구성

밥

게맛살볶음밥

▶ 만드는 법 173쪽

 반찬

참치 애호박전

▶ 만드는 법 176쪽

 곁들임 찬 ①

견과류 멸치볶음

▶ 만드는 법 023쪽

곁들임 찬 ②

배추겉절이

▶ 만드는 법 178쪽

곁들임 찬 ③

배추김치

▶ 기성품 사용

게맛살볶음밥

밥

준비물

- ☐ 게맛살 100g
- ☐ 밥 2공기
- ☐ 달걀 1알
- ☐ 대파 반 대
- ☐ 양파 반 개
- ☐ 식용유 2큰술
- ☐ 다진 마늘 반 큰술
- ☐ 후추 약간
- ☐ 간장 1큰술

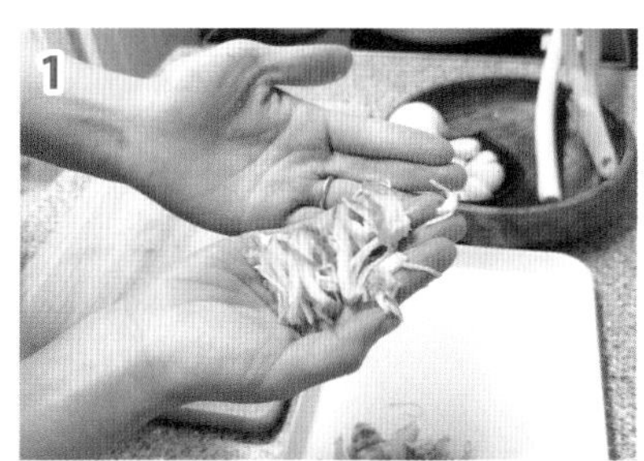

게맛살을 찢어주세요.

대파를 송송 채 썰어주세요.

양파를 채 썰어주세요.

중불로 달군 팬에 식용유를 넉넉히 둘러 주세요.

대파를 넣고 다진 마늘 반 큰술 넣어주세요.

달달 볶아주세요.

게맛살을 넣어주세요.

후추 톡톡 뿌려서 볶아주세요.

밥을 넣고 볶아주세요.

간장 1큰술 넣고 볶아주세요.

가운데 자리를 만들고 달걀을 넣어주세요.

스크램블 해주세요.

밥과 스크램블을 잘 섞어주세요.

완성!

TIP 매콤한 맛을 좋아한다면 청양고추를 추가해도 좋아요!

밥

참치 애호박전

TIP 당근, 대파를 넣어도 좋아요! 저는 색을 예쁘게 하려고 홍고추, 청양고추를 사용했어요.

준비물

- □ 애호박 1개
- □ 참치캔 작은 캔 135g
- □ 달걀 1알
- □ 홍고추 1개
- □ 청양고추 1개
- □ 전분 1큰술
- □ 식용유 2큰술

기름 뺀 참치를 그릇에 담고 홍고추, 청양고추를 다져주세요.

전분 1큰술 넣어주세요.

TIP 부침가루를 써도 되지만 재료들끼리 잘 붙어 있으라고 전분을 썼어요!

달걀 1알 넣어주세요.

잘 섞어주세요.

애호박을 적당한 두께로 썰어주세요.

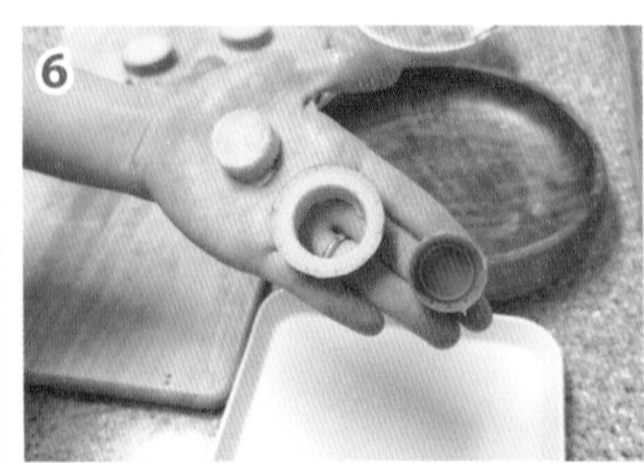

페트병 뚜껑으로 애호박 가운데를 파주세요.

애호박 겉부분과 가운데를 함께 준비해 주세요.

약불로 달군 팬에 식용유를 넉넉히 둘러 주세요.

애호박을 올려주세요.

애호박 속에 참치를 채워주세요.

노릇노릇 구워주세요.

완성!

배추겉절이

준비물

- □ 알배추 반 포기
- □ 다진 마늘 1작은술
- □ 고춧가루 2큰술
- □ 액젓 1큰술
- □ 설탕 1큰술
- □ 참기름 1큰술
- □ 통깨 적당량

배추를 먹기 좋은 모양과 크기로 썰어주세요.

다진 마늘 1작은술 넣어주세요.

고춧가루 2큰술 넣어주세요.

액젓 1큰술 넣어주세요.

설탕 1큰술 넣어주세요.

참기름 한 바퀴 둘러주세요.

골고루 무쳐주세요.

통깨를 뿌려 담아내면 완성!

오므라이스와 베이컨말이

도시락 메뉴 구성

밥
오므라이스
▶ 만드는 법 181쪽

반찬
베이컨말이
▶ 만드는 법 184쪽

곁들임 찬 ①
참치김치볶음
▶ 만드는 법 186쪽

곁들임 찬 ②
머스타드소스
▶ 기성품 사용

곁들임 찬 ③
견과류 멸치볶음
▶ 만드는 법 023쪽

오므라이스

준비물

- ☐ 밥 2공기
- ☐ 달걀 2알
- ☐ 돼지고기 다짐육 혹은 햄 30~50g(생략 가능)
- ☐ 양파 반 개
- ☐ 대파 반 대
- ☐ 케첩 적당량
- ☐ 간장 2큰술
- ☐ 식용유 반 큰술

양파와 대파를 다져주세요.

중불로 달군 팬에 돼지고기 다짐육을 볶아주세요(생략 가능).

돼지고기가 익으면 양파, 대파를 넣고 볶아주세요.

케첩을 넣어서 볶아주세요.

밥을 넣고 골고루 볶아주세요.

간장 2큰술 넣고 볶아주세요.

밥그릇에 밥을 꾹꾹 눌러 담아서 준비해주세요.

달걀 2알을 거품기로 곱게 풀어주세요.

TIP 체에 거르면 색이 더 진하고 예뻐져요.

약불로 달군 팬에 식용유를 살짝 둘러주세요.

키친타월로 살짝 닦아주세요.

TIP
이렇게 해주면 팬에서 지단이 잘 떨어져요!

달걀물을 올리고 익으면 티스푼을 이용해서 가장자리를 살살 떼어주세요.

밥을 살포시 올려주세요.

넓은 그릇을 팬에 엎고 팬을 뒤집어주세요.

그릇 위에 밥과 달걀 지단이 놓입니다.

도마 등 평평한 곳에 옮겨주세요.

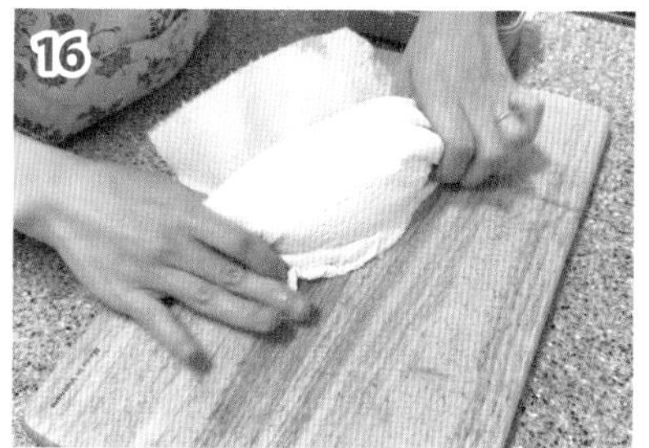

키친타월로 모양을 잡아주세요.

완성!

TIP 케첩을 뿌려 먹으면 더 맛있어요!

베이컨말이

준비물

- ☐ 베이컨 6~8장
- ☐ 파프리카 1개
- ☐ 미나리 100원 동전만큼
- ☐ 부추 100원 동전만큼
- ☐ 물 적당량

미나리를 적당한 길이로 썰어주세요.

TIP 당근, 오이, 파, 무순 등 좋아하는 야채를 사용하시면 됩니다. 야채들을 비슷한 크기로 썰면 보기도 좋고 먹기도 좋아요.

파프리카를 채 썰어서 준비해 주세요.

끓는 물에 부추를 3초 정도 데쳐주세요.

베이컨 위에 준비된 야채를 올려주세요.

돌돌 말아주세요.

부추로 베이컨을 묶어주세요.

TIP 부추를 칭칭 감아도 돼요.

가위로 매듭을 깔끔하게 잘라주세요.

4~7을 반복해서 여러 개 준비해 주세요.

중불로 달군 팬에 맛있게 구워주세요.

뒤집어가며 골고루 익혀주세요.

노릇노릇해질 때까지 구워주세요.

완성!

TIP 머스타드 소스를 찍어 먹으면 더욱 맛있어요!

참치김치볶음

준비물

- ☐ 참치캔 작은 캔 135g
- ☐ 양파 반 개
- ☐ 김치 1/3포기
- ☐ 식용유 2큰술
- ☐ 설탕 2큰술
- ☐ 고춧가루 1큰술(생략 가능)
- ☐ 참기름 1큰술
- ☐ 통깨 적당량

기름을 쫙 뺀 참치를 준비하고 양파를 잘게 깍둑썰기 해주세요.

김치를 그릇에 담고 가위로 잘게 잘라주세요.

중불로 달군 팬에 식용유를 넉넉히 둘러주세요.

양파, 김치를 넣고 볶아주세요.

설탕 2큰술 넣어주세요.

고춧가루 1큰술 넣어주세요(생략 가능).

참치를 넣고 볶아주세요.

불을 끄고 참기름 한 바퀴 둘러주세요.

조금 더 볶아주세요.

통깨를 뿌려 담아내면 완성!

콩나물밥과 국물 제육볶음

도시락 메뉴 구성

 밥

콩나물밥

▶ 만드는 법 189쪽

 반찬

국물 제육볶음

▶ 만드는 법 190쪽

 곁들임 찬 ①

마늘+땡초+쌈장

▶ 기성품 사용

곁들임 찬 ②

배추김치

▶ 기성품 사용

곁들임 찬 ③

매콤 콩나물무침

▶ 만드는 법 192쪽

콩나물밥

TIP 국물 제육볶음은
맨밥에 먹어도 맛있지만
아삭한 콩나물밥을 곁들이면 더 맛있어요!

준비물

- ☐ 밥 2공기
- ☐ 콩나물 1봉지 300g
- ☐ 부추 3~4줄(생략 가능)
- ☐ 물 적당량

부추를 송송 채 썰어주세요(생략 가능).

TIP 김 가루 등 좋아하는 비빔밥 재료를 준비해도 좋아요!

냄비에 물을 넣고 콩나물을 삶아주세요.

냄비 뚜껑을 닫고 삶아주세요.

중간중간 뒤집어주세요.

흰밥에 콩나물과 부추를 올리면 콩나물밥 완성!

TIP 달걀 노른자를 올리면 보기에도 좋고 더 맛있어요!

국물 제육볶음

준비물

- ☐ 돼지고기 앞다릿살 혹은 삼겹살 300~400g
- ☐ 양파 1개
- ☐ 배추 반 포기
- ☐ 간장 5큰술
- ☐ 고춧가루 5큰술
- ☐ 올리고당 3~4큰술
- ☐ 물 약 100ml
- ☐ 다진 마늘 1큰술
- ☐ 통깨 적당량

양파를 채 썰어주세요.

배추를 먹기 좋은 크기로 썰어주세요.

중불로 달군 팬에 고기를 넣고 반 정도 익혀주세요.

간장 5큰술 넣고 양념이 잘 배게 볶아주세요.

TIP

고추장 없이 고춧가루로만 맛을 내기 때문에 넉넉히 넣어주셔도 좋아요.

고춧가루 5큰술 넣어주세요.

올리고당 3~4큰술 넣고 볶아주세요.

TIP 색이 빨갛고 먹음직스러울 정도로 고춧가루를 넣어주세요. 싱거우면 간장을 추가하면 됩니다!

양파와 배추를 넣어주세요.

푹 볶아주세요.

물을 맥주잔 반 컵 정도 부어서 졸이면서 볶아주세요.

다진 마늘 1큰술 넣어주세요.

TIP 다진 마늘은 고기를 구울 때 넣어주셔도 좋아요!

맛있게 졸여주세요.

통깨를 뿌려 담아내면 완성!

TIP 국물이 부족하다 싶으면 물을 조금씩 추가해 주세요!

매콤 콩나물무침

준비물

- ☐ 콩나물 1봉지 300g
- ☐ 물 적당량
- ☐ 액젓 1큰술(생략 가능)
- ☐ 간장 1큰술
- ☐ 고춧가루 2큰술
- ☐ 다진 마늘 1작은술(생략 가능)
- ☐ 참기름 1큰술
- ☐ 통깨 적당량

냄비에 물을 넣고 콩나물을 삶아주세요.

냄비 뚜껑을 닫고 삶아주세요.

중간중간 뒤집어주세요.

액젓 1큰술 넣어주세요(생략 가능).

간장 1큰술 넣어주세요.

고춧가루 2큰술 넣어주세요.

TIP 콩나물에 고춧가루가 골고루 묻을 정도로 넉넉히 넣어주세요.

다진 마늘 1작은술 넣어주세요(생략 가능).

TIP 생략하거나 아주 조금만 넣어주세요.

참기름 한 바퀴 둘러주세요.

통깨 넉넉히 뿌려주세요.

골고루 무쳐주세요.

완성!

날치알 주먹밥과 간장찜닭

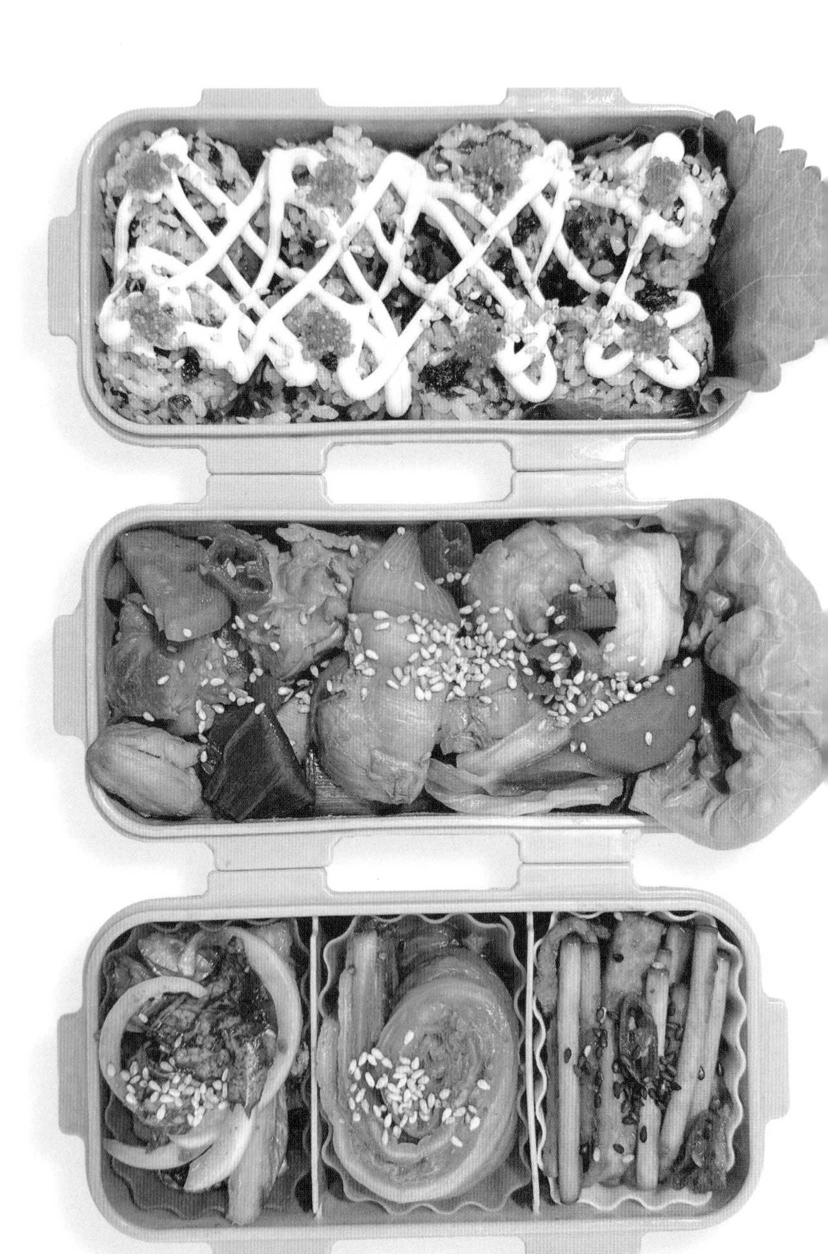

도시락 메뉴 구성

 밥

날치알 주먹밥

▶ 만드는 법 195쪽

 반찬

간장찜닭

▶ 만드는 법 196쪽

 곁들임 찬 ①

마늘종 어묵볶음

▶ 만드는 법 199쪽

곁들임 찬 ②

배추김치

▶ 기성품 사용

곁들임 찬 ③

상추 겉절이

▶ 만드는 법 202쪽

날치알 주먹밥

준비물

- □ 밥 2공기
- □ 김 가루 적당량
- □ 날치알 2~3큰술
- □ 참기름 1큰술

밥에 김 가루를 넣어주세요.

날치알 2~3큰술 넣어주세요.

참기름 한 바퀴 둘러주세요.

골고루 비벼주세요.

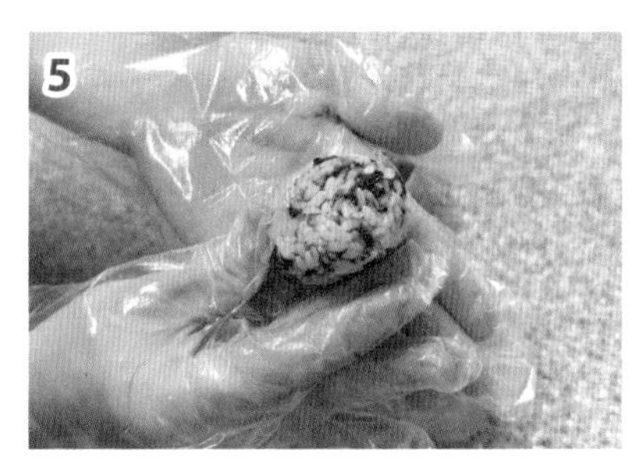

먹기 좋은 크기로 주먹밥을 만들어주세요.

완성!

TIP 마요네즈를 뿌려 먹으면 더욱 맛있어요!

간장찜닭

준비물

- ☐ 닭다리살 순살 700g 혹은 뼈 있는 닭 1kg
- ☐ 양파 1개
- ☐ 당근 반 개
- ☐ 대파 1대
- ☐ 홍고추 혹은 청양고추 2~3개
- ☐ 양배추 1/3통
- ☐ 물 적당량
- ☐ 간장 6큰술
- ☐ 미림 3큰술
- ☐ 올리고당 혹은 설탕 4큰술
- ☐ 다진 마늘 1큰술
- ☐ 후추 약간

양파를 깍둑썰기 해주세요.

당근을 반달썰기 해주세요.

대파를 원하는 모양대로 크게 썰어주세요.

홍고추를 썰어주세요.

양배추를 썰어주세요.

TIP 양배추나 양파가 많이 들어가면 물이 많이 생겨서 적당히 넣는 것이 좋아요.

닭을 먹기 좋은 크기로 썰어주세요.

TIP 저는 순살 닭을 사용했습니다. 뼈가 있는 닭은 지방이 많은 부분을 손질해 주세요.

끓는 물에 닭을 넣고 3~4분 정도 데쳐주세요.

데친 닭을 깨끗하게 한 번 씻어서 준비해주세요.

닭이 1/4 정도 잠기게 물을 부어주세요.

간장 6큰술 넣어주세요.

미림 3큰술 넣어주세요.

올리고당 4큰술 넣어주세요.

다진 마늘 1큰술 넣어주세요.

후추를 톡톡 뿌려주세요.

양념들을 잘 섞어서 보글보글 끓여주세요.

홍고추를 제외한 야채를 몽땅 넣어서 끓여주세요.

TIP
싱거우면 간장을 넣고 단맛이 부족하면 올리고당이나 설탕을 넣어 간을 맞춰주세요.

야채가 숨이 죽고 양념이 졸아들면 홍고추를 넣어주세요.

완성!

TIP 통깨를 뿌리면 더욱 먹음직스러워요.

마늘종 어묵볶음

준비물

- ☐ 마늘종 500원 동전만큼
- ☐ 사각어묵 2~3장
- ☐ 홍고추 1개(생략 가능)
- ☐ 물 약 30ml
- ☐ 식용유 1큰술
- ☐ 간장 2큰술
- ☐ 설탕 1큰술
- ☐ 고춧가루 1큰술
- ☐ 올리고당 2큰술
- ☐ 참기름 1큰술
- ☐ 통깨 적당량

마늘종을 적당한 길이로 썰어주세요.

어묵을 마늘종과 비슷한 길이로 썰어주세요.

홍고추를 썰어주세요(생략 가능).

중불로 달군 팬에 식용유를 적당히 둘러주세요.

마늘종을 살짝 볶아주세요.

간장 2큰술 넣어주세요.

설탕 1큰술 넣어주세요.

마늘종이 살짝 말랑해질 때까지 볶아주세요.

어묵을 넣어주세요.

고춧가루 1큰술 넣어주세요.

어묵이 말랑해질 때까지 볶아주세요.

수분이 부족하면 물을 조금 넣어서 볶아주세요.

올리고당 2큰술 넣어주세요.

홍고추를 넣어서 볶아주세요(생략 가능).

불을 끄고 참기름 한 바퀴 둘러주세요.

통깨를 뿌려 담아내면 완성!

상추 겉절이

준비물

- □ 상추 6~8장
- □ 양파 반 개
- □ 간장 2큰술
- □ 설탕 1큰술
- □ 다진 마늘 반 큰술
- □ 식초 2큰술
- □ 액젓 1큰술
- □ 고춧가루 2큰술
- □ 참기름 1큰술
- □ 통깨 적당량

상추는 깨끗하게 씻어서 준비하고 양파는 채 썰어주세요.

TIP 상추는 잘라서 준비해도 됩니다.

간장 2큰술 넣어주세요.

설탕 1큰술 넣어주세요.

다진 마늘 반 큰술 넣어주세요.

식초 2큰술 넣어주세요.

액젓 1큰술 넣어주세요.

고춧가루 2큰술 넣어주세요.

참기름 한 바퀴 둘러주세요.

통깨 뿌려주세요.

조물조물 무쳐주세요.

완성!

백미밥+부추전과 훈제오리냉채

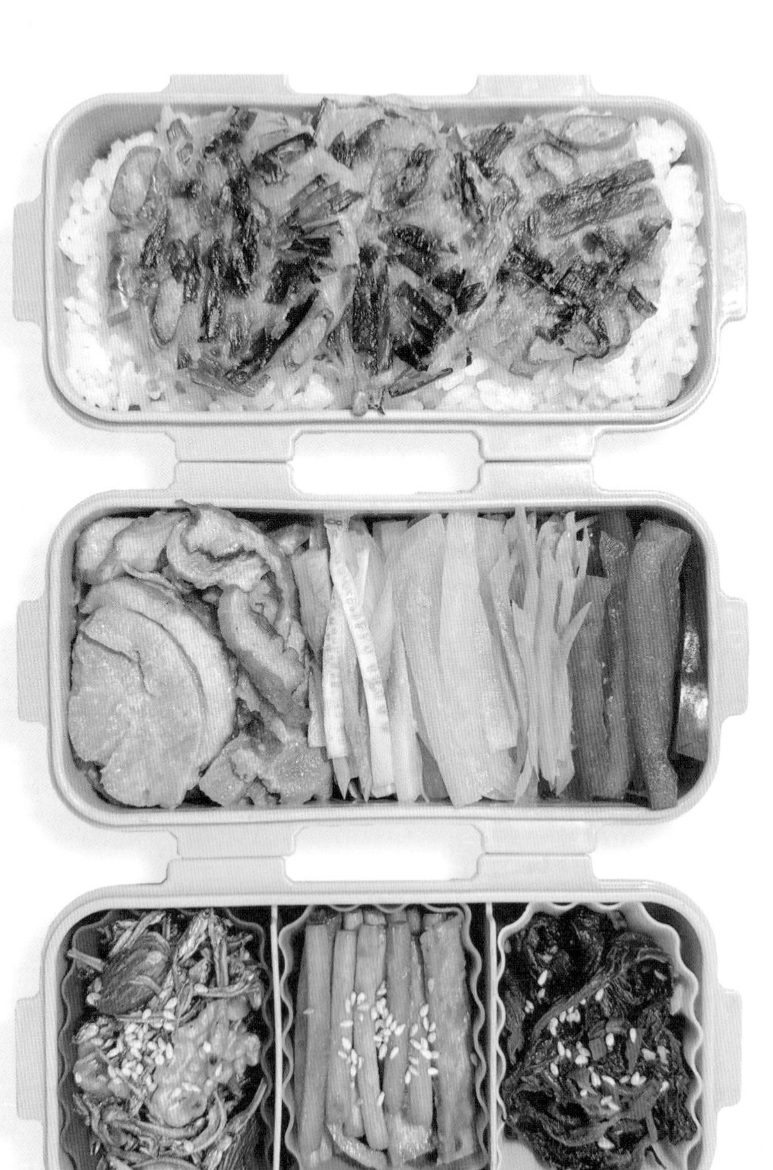

도시락 메뉴 구성

밥

백미밥+부추전

▶ 만드는 법 205쪽

 반찬

훈제오리냉채

▶ 만드는 법 207쪽

 곁들임 찬 ①

깨순무침

▶ 만드는 법 209쪽

곁들임 찬 ②

마늘종 어묵볶음

▶ 만드는 법 199쪽

곁들임 찬 ③

견과류 멸치볶음

▶ 만드는 법 023쪽

백미밥+부추전

준비물

- ☐ 부추 500원 동전만큼
- ☐ 청양고추 1~2개(생략 가능)
- ☐ 부침가루 3큰술
- ☐ 물 약 120ml
- ☐ 소금 2꼬집
- ☐ 식용유 2큰술

부추를 적당한 길이로 썰어주세요.

부침가루 3큰술 넣어주세요.

물을 소주잔 2잔 정도 넣어주세요.

소금 2꼬집 넣어주세요.

TIP 부침가루에 간이 돼 있어서 소금은 조금만 넣어주세요.

청양고추를 썰어서 넣어주세요(생략 가능).

반죽해 주세요.

TIP 반죽이 무르면 부침가루를 더 넣고, 뻑뻑하면 물을 조금씩 부어서 반죽을 떨어뜨렸을 때 뚝뚝 또르르 떨어지는 정도로 맞춰주세요.

약불로 달군 팬에 식용유를 넉넉히 둘러 주세요.

반죽을 원하는 크기로 올려주세요.

밑면이 익으면 뒤집어서 꾹꾹 눌러주세요.

뒤집어서 꾹꾹 눌러서 마저 익혀주세요.

완성!

훈제오리냉채

준비물

- □ 훈제오리 약 100~200g
- □ 파프리카 1~2개
- □ 당근 반 개
- □ 오이 1개
- □ 양파 반 개
- □ 연와사비 1큰술
- □ 올리고당 2큰술
- □ 식초 2큰술
- □ 소금 3꼬집

파프리카를 채 썰어주세요.

당근을 채 썰어주세요.

오이를 채 썰어주세요.

양파를 채 썰어주세요.

TIP 어떤 야채든 상관없어요. 좋아하는 야채를 사용하면 됩니다.

훈제오리를 전자레인지에 1분 정도 돌려서 준비해 주세요.

TIP 팬에 굽거나 에어프라이어에 살짝 돌려도 좋아요.

양념장

연와사비 1큰술 넣어주세요.

올리고당 2큰술 넣어주세요.

식초 2큰술 넣어주세요.

소금 3꼬집 넣어주세요.

소스가 잘 섞이게 풀어주세요.

완성! 야채와 훈제오리 위에 소스를 부어서 드세요.

깨순무침

준비물

- □ 깨순 200g
- □ 홍고추 1개(생략 가능)
- □ 다진 마늘 반 큰술
- □ 매실청 3큰술
- □ 국간장 2큰술
- □ 참기름 1큰술
- □ 통깨 적당량

깨순을 깨끗하게 씻어서 준비해 주세요.

굵은 줄기가 있으면 잘라내 주세요.

홍고추를 다져주세요(생략 가능).

끓는 물에 깨순을 40초~1분 정도 살짝 데쳐주세요.

물기를 꽉 짜서 준비해 주세요.

다진 고추를 넣고 다진 마늘 반 큰술 넣어 주세요.

매실청 3큰술 넣어주세요.

국간장 2큰술 넣어주세요.

조물조물 무쳐주세요.

참기름 한 바퀴 둘러주세요.

TIP 식초 2큰술 넣으면 새콤하게 먹을 수 있어요!

통깨를 뿌려 담아내면 완성!

초간단 도시락 레시피 25

베이컨치즈롤밥과 양배추전

도시락 메뉴 구성

 밥

베이컨치즈롤밥

▶ 만드는 법 212쪽

 반찬

양배추전

▶ 만드는 법 144쪽

 곁들임 찬 ①

숙주 게맛살무침

▶ 만드는 법 214쪽

곁들임 찬 ②

배추김치

▶ 기성품 사용

곁들임 찬 ③

깨순무침

▶ 만드는 법 209쪽

베이컨치즈롤밥

준비물

- □ 베이컨 6~8장
- □ 밥 2공기
- □ 슬라이스 치즈 3~4장
- □ 참기름 반 큰술(생략 가능)

밥에 참기름 살짝 둘러주세요.

TIP 참기름은 생략해도 됩니다. 저는 밥이 잘 뭉쳐지라고 넣어줬어요!

잘 비벼주세요.

슬라이스 치즈를 잘라서 준비해 주세요.

베이컨도 준비해 주세요.

중불로 달군 팬에 베이컨을 올려주세요.

반 자른 슬라이스 치즈를 올려주세요.

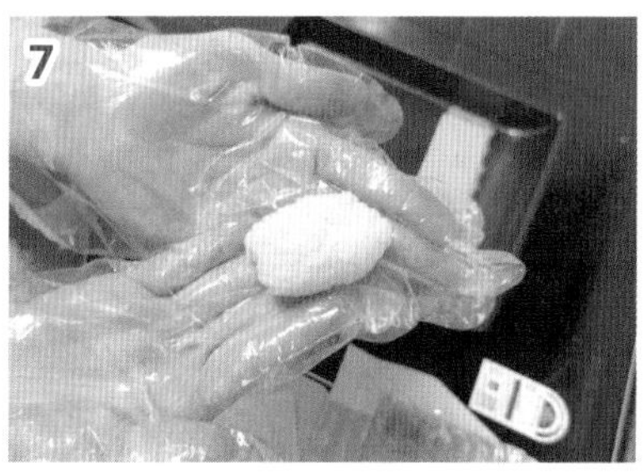

밥을 먹기 좋은 크기로 뭉쳐주세요.

슬라이스 치즈 위에 올려주세요.

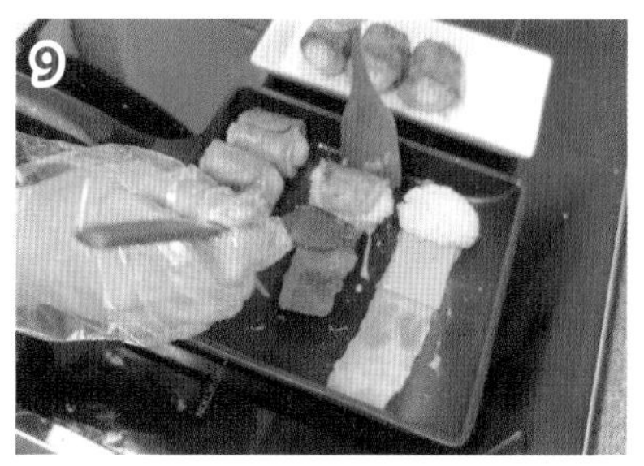

돌돌 말아주세요.

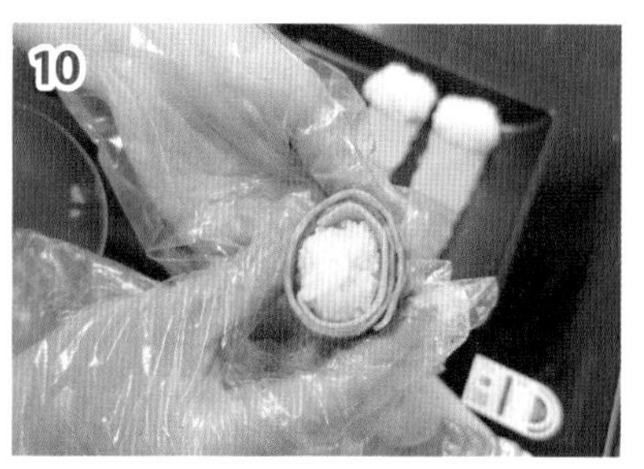

처음부터 돌돌 말아준 후 구워도 됩니다.

TIP 베이컨 먼저 올리고 구우면 골고루 잘 구워져요!

완성!

숙주 게맛살무침

준비물

- ☐ 숙주나물 1봉지 250~300g
- ☐ 게맛살 3줄 약 50~100g
- ☐ 다진 마늘 반 큰술
- ☐ 설탕 반 큰술
- ☐ 식초 2큰술
- ☐ 액젓 1큰술
- ☐ 간장 1큰술
- ☐ 통깨 적당량

게맛살을 먹기 좋은 크기로 썰어주세요.

게맛살의 결대로 찢어주세요.

깨끗하게 씻은 숙주나물을 1분 정도 데쳐 주세요.

데친 숙주나물을 찬물에 씻은 후 물기를 꽉 짜서 준비해 주세요.

숙주나물에 게맛살을 넣고 다진 마늘 반 큰술 넣어주세요.

설탕 반 큰술 넣어주세요.

식초 2큰술 넣어주세요.

액젓 1큰술 넣어주세요.

간장 1큰술 넣어주세요.

통깨를 뿌려주세요.

조물조물 살살 무쳐주세요.

TIP 참기름 한 바퀴 둘러주면 고소한 맛이 더해져요!

완성!

두부밥과 간장돼지불고기

도시락 메뉴 구성

밥

두부밥

▶ 만드는 법 217쪽

반찬

간장돼지불고기

▶ 만드는 법 220쪽

곁들임 찬 ①

일미무침

▶ 만드는 법 223쪽

곁들임 찬 ②

배추김치

▶ 기성품 사용

곁들임 찬 ③

숙주 게맛살무침

▶ 만드는 법 214쪽

두부밥

준비물

- ☐ 두부 한 모 300g
- ☐ 밥 2공기
- ☐ 쪽파 1~2줄
- ☐ 전분 적당량
- ☐ 식용유 2큰술
- ☐ 간장 2큰술
- ☐ 고춧가루 1큰술
- ☐ 통깨 적당량
- ☐ 참기름 1작은술

키친타월을 깔고 두부를 올려주세요.

두부를 키친타월로 살짝 눌러주면서 물기를 닦아주세요.

두부를 삼각형 모양으로 반 잘라주세요.

삼각형 모양으로 한 번 더 반으로 잘라주세요.

두부를 전분에 골고루 묻혀주세요.

중약불로 달군 팬에 식용유를 넉넉히 둘러주세요.

전분을 묻힌 두부를 올려주세요.

두부를 골고루 잘 익혀주세요.

익힌 두부의 넓은 면에 칼집을 1자로 내주세요.

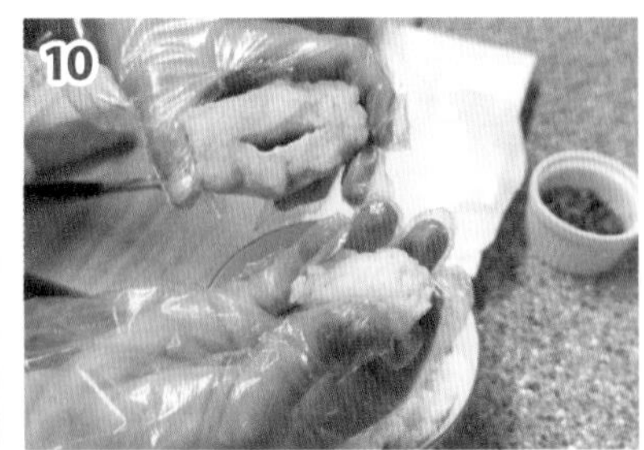

밥을 작게 뭉쳐주세요.

뭉친 밥을 두부 안에 넣어주세요.

두부밥 완성!

양념장

쪽파를 다져주세요.

간장 2큰술 넣어주세요.

고춧가루 1큰술 넣어주세요.

통깨 넣어주세요.

참기름 1작은술 넣어주세요.

잘 섞어주면 완성!

TIP 두부밥 위에 양념장을 얹어서 먹으면 맛있어요!

간장돼지불고기

준비물

- □ 돼지고기 앞다릿살 약 400g
- □ 양파 1개
- □ 당근 반 개
- □ 대파 1대
- □ 부추 100원 동전만큼(생략 가능)
- □ 홍고추 혹은 청양고추 2~3개
- □ 간장 6큰술
- □ 미림 2큰술
- □ 설탕 1큰술
- □ 올리고당 3큰술
- □ 후추 약간
- □ 다진 마늘 1큰술
- □ 참기름 1큰술
- □ 통깨 적당량

돼지고기에 간장 6큰술 넣어주세요.

미림 2큰술 넣어주세요.

설탕 1큰술 넣어주세요.

올리고당 3큰술 넣어주세요.

후추 톡톡 뿌려주세요.

다진 마늘 1큰술 넣어주세요.

양념이 잘 배게 조물조물 주물러주세요.

랩에 싸서 냉장고에서 최소 30분 동안 재워주세요!

TIP 도시락을 아침에 싼다면 전날 저녁에 재워두는 게 제일 좋아요.

양파를 채 썰어주세요.

당근을 원하는 모양대로 썰어주세요.

대파도 먹기 좋은 크기로 썰어주세요.

부추도 썰어주세요(생략 가능).

반찬

고추도 채 썰어주세요.

TIP 감자, 고구마 등 좋아하는 야채를 넣어도 좋아요.

재워둔 고기를 중불로 달군 팬에 올려서 잘 펼쳐주세요.

부추, 고추를 제외한 야채를 몽땅 넣어서 볶아주세요.

부추, 고추를 넣고 마저 볶아주세요.

불을 끄고 참기름 한 바퀴 둘러주세요.

통깨를 뿌려 담아내면 완성!

일미무침

준비물

- □ 일미 약 150g
- □ 마요네즈 1큰술
- □ 물 약 60ml
- □ 고추장 크게 1큰술
- □ 간장 1큰술
- □ 고춧가루 1큰술
- □ 설탕 1큰술
- □ 올리고당 2큰술
- □ 참기름 1큰술
- □ 통깨 적당량

일미에 마요네즈 1큰술 넣어주세요.

조물조물 무쳐주세요.

냄비에 물을 소주잔으로 한 잔 넣어주세요.

고추장 크게 1큰술 넣어주세요.

간장 1큰술 넣어주세요.

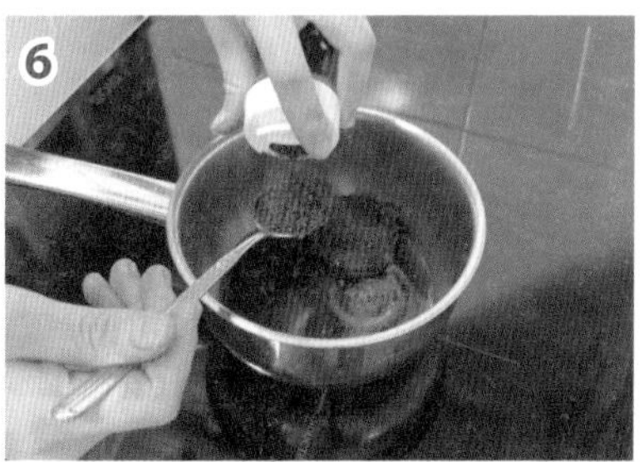

고춧가루 1큰술 넣어주세요.

설탕 1큰술 넣어주세요.

올리고당 2큰술 넣어주세요.

양념을 잘 섞어서 끓여주세요.

바글바글 끓으면 바로 불을 꺼주세요.

일미에 양념장을 부어주세요.

잘 섞어주세요.

참기름 한 바퀴 둘러주세요.

통깨 뿌려주세요.

잘 섞어주세요.

완성!

밥도그와 참치두부전

도시락 메뉴 구성

 밥

밥도그

▸ 만드는 법 227쪽

 반찬

참치두부전

▸ 만드는 법 229쪽

 곁들임 찬 ①

표고버섯조림

▸ 만드는 법 231쪽

곁들임 찬 ②

케첩

▸ 기성품 사용

곁들임 찬 ③

일미무침

▸ 만드는 법 223쪽

밥도그

준비물

- □ 밥 2공기
- □ 비엔나소시지 8개
- □ 달걀 2알
- □ 전분 혹은 밀가루 적당량
- □ 빵가루 적당량
- □ 식용유 적당량

달걀 2알을 거품기로 잘 풀어서 준비해 주세요.

밥, 비엔나소시지, 전분, 달걀물, 빵가루를 준비해 주세요.

TIP 맨밥 대신 볶음밥을 사용해도 좋아요!

밥을 얇고 넓게 펴서 비엔나소시지를 올려주세요.

밥으로 동글동글 감싸주세요.

전분을 밥에 묻혀주세요.

달걀물을 묻혀주세요.

빵가루를 묻혀 손으로 꾹꾹 뭉쳐주세요.

3~7을 반복해서 여러 개 만들어주세요.

기름이 가열되면 주먹밥을 넣고 이리저리 돌려가며 튀겨주세요.

기름을 빼주세요.

완성!

먹기 좋게 반 자르면 이런 모습이에요.

참치두부전

준비물

- ☐ 참치캔 작은 캔 135g
- ☐ 두부 반 모 180g
- ☐ 시금치 2~3뿌리 혹은 부추 100원 동전만큼
- ☐ 달걀 2알
- ☐ 후추 약간
- ☐ 식용유 2큰술

시금치를 잘게 썰어주세요.

두부의 물기를 꽉 빼서 시금치 위에 부어주세요.

기름을 살짝 뺀 참치를 부어주세요.

달걀 2알 넣어주세요.

잘 섞어주세요.

TIP 치대듯 섞어주세요!

약불로 달군 팬에 식용유를 넉넉히 둘러주세요.

반죽을 올려주세요.

밑면이 익을 때까지 기다렸다가 뒤집어주세요.

골고루 익혀주세요.

완성!

표고버섯조림

준비물

- □ 표고버섯 7~10개
- □ 당근 반 개
- □ 꽈리고추 6~7개
- □ 물 약 120ml
- □ 간장 3큰술
- □ 설탕 1큰술
- □ 올리고당 1큰술
- □ 참기름 1큰술
- □ 통깨 적당량

표고버섯을 깍둑썰기 해주세요.

당근을 깍둑썰기 해주세요.

물을 소주잔으로 2잔 정도 부어주세요.

간장 3큰술 넣어주세요.

설탕 1큰술 넣어주세요.

올리고당 1큰술 넣어주세요.

잘 섞어서 뚜껑을 닫고 중불로 졸여주세요.

중간에 저어주고 뚜껑을 닫고 더 졸여주세요.

한 번 더 끓고 나면 꽈리고추를 넣고 저어주세요.

뚜껑을 닫고 1~2분 정도만 졸여주세요.

꽈리고추 숨이 죽으면 불을 끄고 참기름 한 바퀴 둘러주세요.

TIP 꽈리고추가 푹 익은 것을 좋아하시면 물을 추가하고 더 졸여주세요.

통깨를 뿌려 담아내면 완성!

백미밥+분홍소시지전과 콩나물불고기

도시락 메뉴 구성

 밥

백미밥+분홍소시지전

▶ 만드는 법 234쪽

 반찬

콩나물불고기

▶ 만드는 법 236쪽

 곁들임 찬 ①

느타리버섯 들깨볶음

▶ 만드는 법 240쪽

곁들임 찬 ②

마늘+쌈장

▶ 기성품 사용

곁들임 찬 ③

배추김치

▶ 기성품 사용

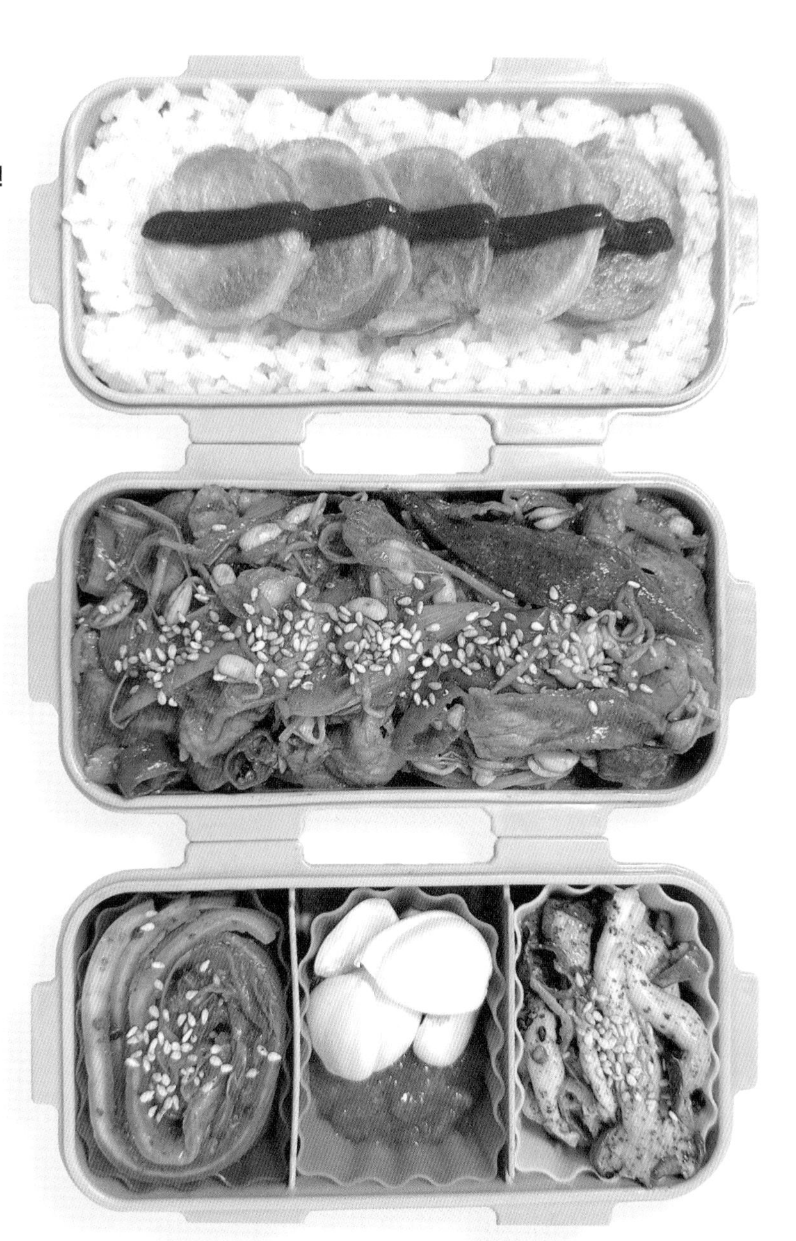

백미밥+분홍소시지전

준비물

- ☐ 분홍소시지 200g
- ☐ 달걀 1알
- ☐ 식용유 반 큰술

분홍소시지를 잘라주세요.

끄트머리를 잘라주세요.

TIP 끄트머리는 완전히 잘라내지 말고 살짝 남긴 후 껍질을 벗기면 수월해요.

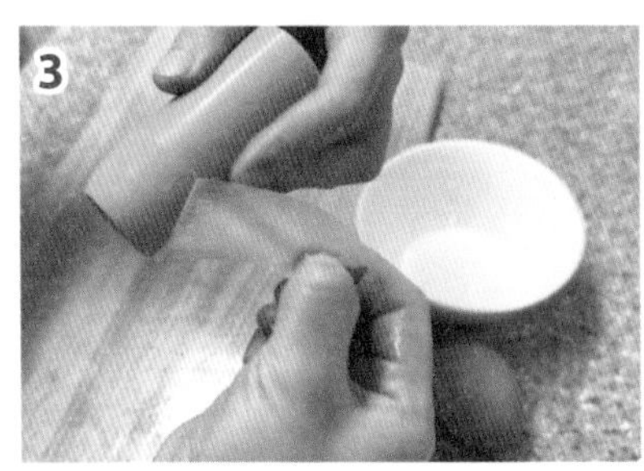

껍질을 벗겨주세요.

먹기 좋은 두께로 썰어주세요.

달걀 1알을 풀어주세요.

분홍소시지에 달걀물을 묻혀주세요.

중불로 달군 팬에 식용유를 살짝 둘러주세요.

분홍소시지를 올려주세요.

적당히 익으면 뒤집어서 골고루 익혀주세요.

완성!

TIP 케첩을 뿌려 먹으면 더 맛있어요!

콩나물불고기

준비물

- □ 콩나물 1봉지 300g
- □ 대패 돼지고기 약 300~350g
- □ 대파 1대
- □ 청양고추 2~3개(생략 가능)
- □ 고추장 1큰술
- □ 간장 3큰술
- □ 설탕 1큰술
- □ 고춧가루 1큰술
- □ 미림 2큰술
- □ 올리고당 2큰술
- □ 다진 마늘 1큰술
- □ 참기름 1큰술
- □ 통깨 적당량

양념장

고추장 1큰술 넣어주세요.

간장 3큰술 넣어주세요.

설탕 1큰술 넣어주세요.

고춧가루 1큰술 넣어주세요.

미림 2큰술 넣어주세요.

올리고당 2큰술 넣어주세요.

다진 마늘 1큰술 넣어주세요.

잘 섞어주세요.

반찬

양념장 완성!

콩나물은 깨끗하게 씻어서 준비하고 대파를 먹기 좋은 크기로 썰어주세요.

청양고추를 썰어주세요(생략 가능).

콩나물을 달군 팬 위에 깔아주세요.

고기를 올려주세요.

콩나물, 대파를 올려주세요.

양념장을 부어주세요.

뚜껑을 닫고 3~5분 정도 기다려주세요.

TIP 뚜껑을 닫으면 수분이 빨리 생겨서 익히기 수월해요!

뚜껑을 열면 콩나물 숨이 죽어 있어요.

양념장을 잘 비벼주세요.

고기가 익으면 청양고추를 넣어서 조금 더 익혀주세요(생략 가능).

불을 끄고 참기름 한 바퀴 둘러주세요.

통깨를 뿌려 담아내면 완성!

느타리버섯 들깨볶음

준비물

- □ 느타리버섯 300~400g
- □ 양파 반 개
- □ 청양고추 1~2개(생략 가능)
- □ 물 약 60ml
- □ 들깨가루 2큰술
- □ 다진 마늘 반 큰술
- □ 식용유 반 큰술
- □ 소금 1작은술
- □ 통깨 적당량

들깨물

그릇에 물을 소주잔 1잔 정도 부어주세요.

들깨가루 2큰술 넣어주세요.

들깨가루를 물에 잘 풀어서 준비해 주세요.

양파를 채 썰어주세요.

청양고추를 채 썰어주세요(생략 가능).

TIP 당근을 채 썰어 넣어도 좋아요!

느타리버섯 밑동을 썰어주세요.

느타리버섯을 한 가닥씩 찢어주세요.

중불로 달군 팬에 식용유를 살짝 둘러주세요.

다진 마늘 반 큰술 넣어주세요.

양파를 넣고 볶아주세요.

느타리버섯을 넣고 볶아주세요.

소금 1작은술 넣어주세요.

느타리버섯 숨이 죽으면 들깨물을 부어서 볶아주세요.

청양고추를 넣고 살짝 볶아주세요(생략 가능).

통깨를 뿌려 담아내면 완성!

스팸마요덮밥과 애호박 달걀말이

도시락 메뉴 구성

 밥

스팸마요덮밥

▶ 만드는 법 244쪽

 반찬

애호박 달걀말이

▶ 만드는 법 246쪽

 곁들임 찬 ①

쪽파무침

▶ 만드는 법 248쪽

곁들임 찬 ②

무생채

▶ 만드는 법 249쪽

곁들임 찬 ③

단무지

▶ 기성품 사용

스팸마요덮밥

준비물

- ☐ 밥 2공기
- ☐ 스팸 약 180g
- ☐ 양파 반 개
- ☐ 달걀 1알
- ☐ 마요네즈 적당량

스팸을 잘게 썰어주세요.

양파를 얇게 채 썰어주세요.

달군 팬에서 스팸을 볶아주세요.

스팸은 그릇에 따로 담아 준비해 주세요.

달군 팬에 달걀을 올려주세요.

흰자가 살짝 익으면 볶듯이 저어주세요.

노른자, 흰자가 다 익을 때까지 볶아주세요.

스크램블 완성!

스크램블, 스팸, 양파, 마요네즈를 준비해 주세요.

밥 위에 올려주면 완성!

TIP 121쪽의 참치마요덮밥 소스를 만들어서 뿌려 먹어도 좋아요.

애호박 달걀말이

준비물

- ☐ 애호박 반 개
- ☐ 달걀 7~8알
- ☐ 양파 혹은 당근 반 개(생략 가능)
- ☐ 식용유 반 큰술

달걀을 거품기로 잘 풀어주고 애호박을 얇게 썰어서 준비해 주세요.

TIP 달걀물에 양파나 당근 반 개를 썰어 넣어도 좋아요! 달걀물은 조금 남겨주세요.

약불로 달군 팬에 식용유를 살짝 두르고 키친타월로 닦아내 주세요.

달걀물을 팬을 얇게 덮을 정도로만(한 국자) 부어주세요.

달걀이 살짝 익어서 기포가 올라오면 말아주세요.

달걀물을 더 넣고 말아주세요.

뒤집개 2개를 사용해 꾹꾹 눌러주면서 말아주세요.

달걀말이를 한쪽으로 밀고 팬에 애호박을 올려주세요.

남은 달걀물을 팬에 부어주세요.

반찬

익을 때까지 기다렸다가 말아주세요.

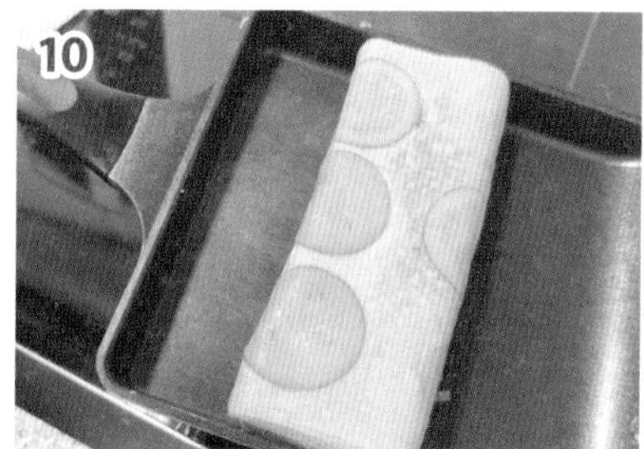

완성!

쪽파무침

준비물

- ☐ 쪽파 500원 동전만큼
- ☐ 물 적당량
- ☐ 국간장 1큰술
- ☐ 참기름 1큰술
- ☐ 통깨 적당량

쪽파를 먹기 좋은 길이로 썰어주세요.

끓는 물에 쪽파를 30초 정도 데쳐주세요.

물기를 살짝 짜서 준비해 주세요.

국간장 1큰술 넣어주세요.

참기름 한 바퀴 둘러주세요.

골고루 무치고 통깨를 뿌리면 완성!

TIP 쪽파를 데치면 양이 많이 줄지만 바로 바로 무쳐 먹어야 맛있어요. 쪽파무침은 조금씩 만드는 걸 추천해요!

무생채

준비물

- □ 무 반 개
- □ 다진 마늘 1큰술
- □ 고춧가루 3큰술
- □ 설탕 2큰술
- □ 액젓 1큰술
- □ 참기름 1큰술
- □ 통깨 적당량
- □ 식초 3큰술

무를 일정한 두께로 썰어주세요.

좋아하는 굵기로 채 썰어주세요.

다진 마늘 1큰술 넣어주세요.

고춧가루 3큰술 넣어주세요.

설탕 2큰술 넣어주세요.

액젓 1큰술 넣어주세요.

참기름 한 바퀴 둘러주세요.

통깨 뿌려주세요.

식초 3큰술 넣어주세요.

골고루 버무려주세요.

완성!

소고기볶음밥과 치즈소시지달걀말이

도시락 메뉴 구성

 밥

소고기볶음밥

▶ 만드는 법 252쪽

 반찬

치즈소시지달걀말이

▶ 만드는 법 254쪽

 곁들임 찬 ①

명엽채볶음

▶ 만드는 법 255쪽

곁들임 찬 ②

두부구이

▶ 만드는 법 135쪽

곁들임 찬 ③

무생채

▶ 만드는 법 249쪽

소고기볶음밥

준비물

- □ 다진 소고기 30~50g
- □ 마늘종 100원 동전만큼
- □ 밥 2공기
- □ 양파 반 개
- □ 굴소스 1큰술
- □ 간장 1큰술

양파를 채 썰어주세요.

마늘종을 썰어주세요.

다진 소고기를 준비해 주세요.

중불로 달군 팬에 소고기, 마늘종을 넣어 주세요.

달달 볶아주세요.

소고기가 반쯤 익으면 양파를 넣고 볶아 주세요.

굴소스 1큰술 넣어주세요.

달달 볶아주세요.

양파가 익으면 밥을 넣고 볶아주세요.

간장 1큰술 넣어주세요.

TIP 싱거우면 간장 또는 굴소스 1큰술 추가해서 간을 맞춰주세요.

골고루 볶아주세요.

완성!

TIP 매콤한 맛을 좋아한다면 청양고추를 추가해도 좋아요!

치즈소시지달걀말이

준비물

- □ 소시지 70g
- □ 슬라이스 치즈 2~4장
- □ 달걀 5~6알

그릇에 달걀 5~6알을 넣어주세요. 소시지와 슬라이스 치즈도 준비해 주세요.

달군 팬에 달걀물을 붓고 슬라이스 치즈, 소시지를 올려주세요.

뒤집개 2개를 사용해서 돌돌 말아주세요.

도마 위에 랩을 깔아주세요.

랩 위에 달걀말이를 올리고 감싸서 동그랗게 모양을 잡아주세요.

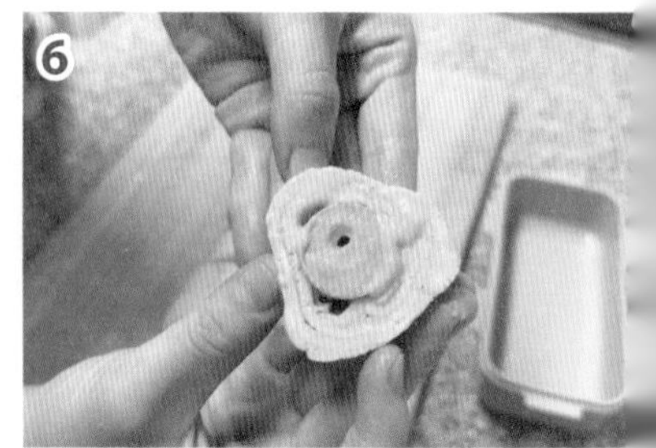

식으면 랩을 풀고 먹기 좋은 크기로 썰어주세요.

명엽채볶음

준비물

- ☐ 명엽채 200g
- ☐ 다진 마늘 1큰술
- ☐ 마요네즈 1큰술
- ☐ 간장 1큰술
- ☐ 올리고당 1큰술
- ☐ 통깨 적당량

명엽채에 다진 마늘 1큰술 넣어주세요.

마요네즈 1큰술 넣고 골고루 버무려주세요.

중불로 달군 팬에 명엽채를 넣고 볶아주세요.

색이 약간 노릇노릇해지면 간장 1큰술 넣고 볶아주세요.

올리고당 1큰술 넣고 볶아주세요.

통깨 뿌려 담아내면 완성!

묵은지쌈밥과 삼겹살

도시락 메뉴 구성

밥

묵은지쌈밥

▸만드는 법 075쪽

반찬

삼겹살

▸기성품 사용

곁들임 찬①

마늘종 장아찌

▸만드는 법 257쪽

곁들임 찬②

쌈장+땡초

▸기성품 사용

곁들임 찬③

멸치볶음

▸만드는 법 023쪽
(견과류만 생략)

마늘종 장아찌

준비물

- ☐ 마늘 400~500g
- ☐ 마늘종 500원 동전 2개만큼
- ☐ 물 약 100ml
- ☐ 간장 약 200ml
- ☐ 설탕 약 200ml
- ☐ 식초 약 200ml

1 마늘종을 적당한 크기로 썰어주세요.

2 병에 마늘과 마늘종을 넣어주세요.

3 물을 맥주잔 반 잔 넣어주세요.

4 간장 맥주잔 1잔 넣어주세요.

TIP 사진에는 반 잔이 담겨 있지만 간장, 설탕, 식초는 맥주잔 1잔 분량으로 넣어주세요.

5 설탕 맥주잔 1잔 넣어주세요.

6 식초 맥주잔 1잔 넣어주세요.

골고루 잘 섞어주세요.

마늘과 마늘종을 담은 병에 부어서 한 달 정도 숙성시키면 완성!

TIP 소스를 맛보았을 때 새콤달콤하면 됩니다!

재료별 메뉴 찾기

식재료를 구입하긴 했는데 막상 이것들로 뭘 만들어야 할지 고민이 될 때가 있지요. 냉장고에 있는 재료의 유통기한이 다 되어 가는데 어떻게 해 먹어야 할지 몰라서 막막할 때도 있었을 거예요. 이런 고민을 해결하기 위해 원하는 재료를 찾아서 메뉴를 쉽게 선택할 수 있도록 이 책의 메뉴를 재료별로 정리했습니다. 집에 있는 재료를 고르기만 하세요! 오늘의 메뉴 걱정은 해결될 거예요.

ㄱ

닭고기

당근

대파

ㅇ

ㅈ

ㅊ

ㅋ

ㅍ

10분 완성 초간단 도시락 레시피 100

초판 1쇄 발행 2024년 2월 6일
초판 5쇄 발행 2024년 4월 2일

지은이 오민주
펴낸곳 ㈜에스제이더블유인터내셔널
펴낸이 양홍걸 이시원

홈페이지 siwonbooks.com
블로그 · 인스타 · 페이스북 siwonbooks
주소 서울시 영등포구 영신로 166 시원스쿨
구입 문의 02)2014-8151
고객센터 02)6409-0878

ISBN 979-11-6150-810-8 13590

시원북스는 ㈜에스제이더블유인터내셔널의 단행본 브랜드입니다.

독자 여러분의 투고를 기다립니다.
책에 관한 아이디어나 투고를 보내주세요.
siwonbooks@siwonschool.com